品系列教材

景观设计

基础与项目实战

全彩微课版

赵慧蓉 顾勤芳◎主编
夏鸿玲◎副主编

人民邮电出版社
北京

图书在版编目（CIP）数据

景观设计基础与项目实战 ： 全彩微课版 / 赵慧蓉，顾勤芳主编. -- 北京 ： 人民邮电出版社，2025.
(高等院校艺术设计精品系列教材). -- ISBN 978-7-115-66511-9

Ⅰ. TU983

中国国家版本馆 CIP 数据核字第 2025T3X861 号

内 容 提 要

本书共 3 篇，全面系统地介绍景观设计的相关知识与实践。第一篇“景观设计基础”介绍景观设计的相关概念、基础理论及当代课题等，帮助读者建立起对景观设计的全面认知。第二篇“景观设计分析”则深入剖析景观要素和景观空间，为读者提供深入分析景观设计的视角和方法。第三篇“景观设计实训”涵盖主要景观设计项目的实训演练和分析，将理论知识与实际应用相结合，通过对不同类型景观设计项目的解析，展示景观设计的具体操作流程和技术应用，使读者能够掌握景观设计的实战技能。全书结构清晰、内容丰富，旨在帮助读者学习和掌握景观设计知识。

本书不仅适合景观设计相关专业的学生和从业者学习，也适合对景观设计感兴趣的读者阅读。通过阅读本书，读者可以全面了解景观设计的理论和实践，掌握景观设计的基本技能和方法，为未来的学习和工作打下坚实的基础。

◆ 主　　编　赵慧蓉　顾勤芳
　副 主 编　夏鸿玲
　责任编辑　连震月
　责任印制　王　郁　彭志环

◆ 人民邮电出版社出版发行　　北京市丰台区成寿寺路 11 号
　邮编　100164　　电子邮件　315@ptpress.com.cn
　网址　https://www.ptpress.com.cn
　中国电影出版社印刷厂印刷

◆ 开本：787×1092　1/16
　印张：13.25　　2025 年 6 月第 1 版
　字数：315 千字　　2025 年 6 月北京第 1 次印刷

定价：79.80 元

读者服务热线：(010)81055256　印装质量热线：(010)81055316
反盗版热线：(010)81055315

前 言

随着城市化步伐的加快，居民对生活质量有了更高的追求，景观设计正逐渐成为城市规划和建设的核心。近年来，景观设计的发展呈现出显著的多元化、生态化和人性化特征。设计师们不再局限于传统的绿化与美化手法，而更多地追求景观与环境的和谐相融，并强调景观对人类心理和生理健康的正面影响。这一趋势不仅引领了景观设计理念的革新，更推动了景观设计技术的持续演进，彰显了景观设计与城市、环境、人文之间深层次的关系和互动。

作为一门综合学科，景观设计的精髓在于跨学科融合与实践应用。它深度融合了建筑学、城乡规划学、生态学、美学等多个学科的知识体系，并引入了GIS（Geographic Information System，地理信息系统）、虚拟现实等数字化技术，为设计流程注入了新的活力，提升了设计的精确度。这些技术的运用不仅增强了设计的科学性，还使设计效果更加直观、逼真。景观设计的专业意义和价值不言而喻，它不仅能显著提升城市形象、改善居民生活品质，还能推动生态环境的可持续发展。通过科学的规划与精准的设计，结合数字化及人工智能等先进技术，景观设计将更有效地解决城市空间布局、生态环境修复等关键问题，为城市的长期繁荣与和谐发展注入新的活力。

本书编写特色

案例引领，实践为纲：本书紧扣景观设计领域，精选大量实际案例进行深度剖析，帮助读者真正领会并掌握景观设计的方法与操作技巧，实现知识的有效转化与应用。

实训导向，知识深化：本书采用理论讲解与项目实训紧密结合的模式，图文并茂地呈现景观设计的专业知识，使读者能够更直观地理解、更清晰地掌握，从而全面提升学习效果，实现知识内化与应用能力的同步提升。

微课助力，资源联动：为了方便读者随时随地学习，本书配备了同步微课资源。读者只需扫描书中“知识拓展”栏目旁的二维码即可观看微课视频，实现即学即会的效果。此外，本书还提供了丰富的PPT、教案和案例素材等立体化学习资源，旨在为读者打造全方位、深层次的学习环境。

本书编写组织

本书由苏州工艺美术职业技术学院的赵慧蓉和顾勤芳担任主编，由湖南城建职业技术学院的夏鸿玲担任副主编，凝聚了多位教师的心血与匠心。在编写过程中，我们不断反思，力求将精准、全面、实用的知识呈现给读者。我们秉承共建共享的理念，尽力提供丰富而实用的教学材料，致力于解决高职院校在“景观设计”课程教学中实训资源不足的问题。

尽管我们在编写过程中力求精准、全面和丰富，但深知学无止境，书中难免存在疏漏与不足之处。因此，我们诚挚地邀请广大读者提出宝贵的意见，您的指正将是我们不断进步的动力。在此，我们对所有读者表示衷心的感谢！

编者

2025年3月

目录

第一篇　景观设计基础

景观设计是艺术与科学的融合，旨在实现人与环境的和谐共存。通过规划独特的空间布局、精心设计植被、巧妙塑造地形等，景观设计不仅美化了环境，而且为社会提供了宜人的场所与可持续发展的生态圈。这门学科探索人类与自然互动的平衡，旨在创造令人心旷神怡的视觉、情感与功能体验，为现代都市和自然环境的融合创造无限可能。

1.1　景观设计概述

景观设计是一门融合了社会、文化、自然、艺术和科学等众多学科的人文学科。现代意义上的景观设计起源于19世纪中叶，至今已有百余年的发展历程。随着社会、经济、自然环境和人类生存状况的巨大改变，景观设计领域面临着新的机遇和挑战。

1.1.1　景观设计相关概念

1. 景观

景观（Landscape）是指土地及土地上的空间和物体所构成的综合体。它是复杂的自然过程和人类活动在大地上的烙印。景观是多种功能（过程）的载体，可以理解和表现为风景、栖居地、生态系统和具有象征意义的符号。

- **风景：**人类视觉审美过程的对象。
- **栖居地：**人类生活所处的空间和环境。
- **生态系统：**一个具有结构和功能、内在和外在相互联系的有机系统。
- **具有象征意义的符号：**一种记载人类过去，表达希望与理想，承载认同和寄托的语言和精神空间（见图1-1）。

依据景观的概念以及规划设计的对象，景观可以分为自然景观和人工景观两大类。

- **自然景观：**河流、湖泊、海洋、溪流、风、雨、雷电、森林、植物、云、山、草原、岩石、荒漠、绿洲、田野、瀑布等。
- **人工景观：**道路、广告牌、建筑群、运动场、广场、铁路、喷泉、栅栏、农舍、水坝、堤岸、桥梁、遗迹等。

图1-1　中国传统园林景观

2. 景观设计

景观设计的含义广泛，其基本含义为：基于科学与艺术的观点和方法，探究人与自然的关系，以协调人地关系和实现可持续发展为根本目标进行的设计。

3. 景观设计学

景观设计学（Landscape Architecture）是一门建立在自然科学、人文科学、艺术科学基础之上，研究景观的分析、规划布局、设计、改造、管理、保护和恢复的学科。景观设计尤其强调土地的设计，针对土地及人类户外空间的问题进行科学、理性的分析，设计问题的解决方案和解决途径，并监理设计的实现（见图1-2）。

图1-2　城市公共绿地景观

1.1.2 景观设计基础理论

景观设计与建筑学、城市规划、环境艺术、风景园林、地理学、景观生态学、环境心理学等学科有着紧密的联系。

1. 景观设计与建筑学的关系

从广义上来说，建筑学是研究建筑物及其周围环境的学科，旨在总结人类建筑活动的经验，以指导建筑设计创作、构造某种体形环境等。景观设计与建筑学具有相互包容、相互依托的关系，是联系紧密的交叉学科。景观元素中包含景观建筑，并且景观设计过程中会依据建筑制图的规范来绘制建筑图纸。在景观设计发展的早期阶段，建筑学引领和影响了景观设计的发展。

2. 景观设计与城市规划的关系

景观设计与城市规划是相互独立、相互渗透的关系。城市规划是国家对城市发展的具体战略部署，既包括空间发展规划，又包括经济产业的发展战略，是为城市建设和管理提供目标、步骤、策略的学科；而景观设计的主要内容为空间规划设计和管理，对象是城市空间形态。

3. 景观设计与环境艺术的关系

环境艺术主要是建筑内外的空间设计，指通过艺术手段对建筑的室内与室外环境进行整合设计。景观设计则更倾向于关注户外物质空间的整体设计，利用园林艺术手段和工程技术手段对户外环境空间进行设计建设，如布置园路、改造地形、修建建筑、种植植物等。

4. 景观设计与风景园林的关系

风景园林是我国高等院校的传统学科，包括传统园林保护、城市绿化及大地景物规划3个部分，主要内容有绿化规划设计、公园绿地设计、园林植物培育等。风景园林是以公园绿地为核心构建的学科体系。景观设计的核心内容与风景园林无异，但从绿地、绿化的专项研究来看，风景园林的深度超过景观设计。

5. 景观设计与地理学的关系

地理学是研究地球表面地理环境结构、分布及其发展和变化的规律性以及人地关系的学科。地理学研究的对象是多种要素相互作用的综合体，根据侧重点不同，分为自然地理学、经济地理学和人文地理学。人地关系是地理学的核心研究课题，也是景观设计的目标和原则。地理学中的人地关系理论被大量应用于现代景观设计中。

6. 景观设计与景观生态学的关系

景观生态学是地理学和生态学相结合的产物，由德国地理学家特罗尔，C. 在1939年提出。景观生态学研究景观的结构、功能和变化以及景观的规划管理。景观的结构指的是不同景观要素之间的空间关系。景观的功能指的是各种景观要素之间的相互作用，即不同生态系统之间的能流、物质流和物种流。景观生态学与景观的设计和管理有着密切的关系。尽管人们观赏的是美景，但美景依赖于健康的生物系统。因此，在景观设计中，不仅要注意观赏上的美学要求，还要充分考虑景观结构在生物学与生态学上的合理性。由此可见，景观生态学对景观的规划设计和管理具有重要的指导意义。

7. 景观设计与环境心理学的关系

环境心理学是研究环境与人类行为及经验之间的关系的学科，又称人类生态学或生态心理学。它把人类的行为（包括经验、行动）和相应的环境（包括物质的、社会的和文化的）之间的关系与相互作用结合起来加以分析。其中与建筑学、景观设计关系密切的是环境行为学。环境行为学的研究范围比环境心理学的研究范围要窄一些，主要是对环境行为现象、使用者需求及行为场所进行研究。它致力于运用心理学的一些基本理论、方法与概念来研究人在城市与建筑、环境中的活动及人对这些环境的反应，并将其反馈到城市规划、建筑设计和景观设计中去，以改善人类生存的环境。环境心理学的研究对城市规划、建筑设计、景观设计等的理论更新起到了一定作用，把设计师的一些“感觉”与“体验”提升到理论高度来加以分析与阐明。如果设计师掌握了这些必要的知识，其设计与规划的思路将得到新的启发，对问题可能有新的见解，设计、规划方法可能有所改进，在科学研究上可能有新的突破。

1.2 景观设计的内容和特性

景观是由场所构成的，而场所的结构和内容又是通过景观来呈现的。因此，景观设计中的对象主体是人与场所的内外关系，以及人在场所中的活动。场所的环境特征及时间等构成了景观设计的内容和特性。

1.2.1 景观设计的内容

根据场所的不同类型，景观设计可以分为城市景观规划设计、城市设计、公园绿地设计、绿地系统规划设计、风景区景观规划设计、公园景观规划设计、街区景观设计、居住区景观设计、滨水景观设计、庭院设计、室内景观设计等。

景观设计是一个由浅入深、不断完善的过程，主要包含以下内容。

- **场地分析：**设计师在接到任务后，首先要充分了解设计委托方的具体要求，然后进行细致的基地调查，搜集相关资料，对整个基地及其环境状况进行综合概括分析。
- **景观规划：**根据社会和自然状况及环境评价，将规划区分成几个功能区，制定各个功能区的景观建设基本方针、目标、措施，并提出合理的方案构思和设想。
- **景观设计：**对基地各个区域的未来空间面貌进行具体呈现，设定具体的景观建设目标。这主要包括方案设计、详细设计和施工图设计3个阶段。
- **景观管理：**对创造出的景观和需要保护的景观进行长期管理，以确保景观价值的延续性。

1.2.2 景观设计的特性

景观设计本身是个复杂的过程。景观设计主要有5个特性，即创造性、综合性、双重性、过程性和社会性。

1. 创造性

设计本身就是一种创作活动，它需要创作者具有丰富的想象力和灵活开放的思维。景观设计师在面对各种类型的项目场地时，必须能灵活地解决具体矛盾和问题，发挥创新意识和创造能力，这样才能设计出内涵丰富、形式新颖的景观作品。对初学者而言，增强创新意识和创造能力应该是其学习训练的目标。

2. 综合性

景观设计是一门综合性很强的学科，涉及建筑工程、生物、社会、文化、环境、行为、心理等众多学科。景观设计师必须熟悉并掌握相关学科知识。

另外，景观类型多种多样，有道路、广场、居住区绿地、公园、风景区等。因此，掌握一套行之有效的学习方法和工作方法是非常重要的。

3. 双重性

作为一门设计课程，景观设计的思维活动有着不同于其他学科思维活动的特点，即思维方式的双重性。景观设计过程可以概括为分析研究—构思设计—分析选择—再构思设计……在每一个分析阶段，设计师主要运用的是逻辑思维；而在构思阶段，则主要运用形象思维。因此，平时的学习和训练必须兼顾逻辑思维和形象思维两个方面。

4. 过程性

在进行景观设计的过程中，需要科学、全面地分析调研，深入、大胆地思考想象，不厌其烦地听取使用者的意见，在广泛论证的基础上优化设计方案。设计是一个不断推敲、修改、发展、完善的过程。

5. 社会性

城市景观作为城市空间环境的一部分，具有广泛的社会性。这种社会性要求景观设计师的创作活动应综合平衡社会效益、经济效益与个性特色三者的关系。只有找到这三者的平衡点，才能创作出尊重自然、关怀人文的优秀作品。

1.2.3 景观设计的美学法则、艺术手法和技术应用

景观设计是建立在满足人们物质、文化和精神生活需求之上的综合性艺术与技术设计，是以满足人们的视觉、听觉、嗅觉和触觉体验为品评标准，并且注重符合大众审美的创作过程，包含丰富的美学法则和艺术手法。

（一）景观设计的常用美学法则

景观设计需要根据景观形式美法则，从艺术角度再现和创造景观形象。景观形象涉及文化传统、民族风格、社会意识形态、时间、自然条件等诸多因素，并不是单纯地考量美观，但一个良好的景观形象首先应该是美观的。在运用艺术手法进行景观设计时，应遵循的美学法则包括比例和尺度、对比和调和、均衡和稳定、韵律和节奏。

1. 比例和尺度

比例是指景观要素各部分之间、整体和局部之间、整体和周围环境之间的大小关系。景观中的事物所展现出来的比例通常与其功能内容、当时的技术条件和审美观有密切关系。比例的优劣难以简单地用数字来衡量。所谓良好的比例，一般是指景观要素的总体及其各部分之间、各要素之间以及要素本身的长、宽、高比例和谐。

尺度是景物与人的身高、活动空间的度量关系。人们习惯用人的身高和活动所需要的空间作为视觉感知的度量标准，如台阶的宽度不小于30cm（人脚长）、高度以12～19cm为宜。在景观设计中，如果人工造景尺度超过人们习惯的尺度，通常会给人雄伟壮观的感觉；如果尺度符合或小于人们习惯的尺度，则会显得小巧紧凑，令人感到自然亲切。

2. 对比和调和

差异显著的表现称为对比。对比可使景物或各要素彼此对照、互相衬托，从而更加鲜明地突出各自的特点。对比需要一定的前提，即对比的双方总是针对某一共同的因素或方面进行比较。景观设计中的对比常见于形象、体量、方向、空间、明暗、虚实、色彩、质感、曲直等方面（见图1-3）。

图1-3　景观设计中对比的应用

调和可看作极微弱的对比，它使景物彼此和谐、互相联系，呈现出完整、流畅的效果。景观设计要求对比中有调和、调和中有对比，使景观既丰富多彩又主题突出、风格协调。

3. 均衡和稳定

景观设计中的均衡由布局中的左与右、前与后的轻重关系等体现，旨在给人安定、平衡和完整的感觉。实现均衡的常用手段是对称布置，如图1-4所示。不过，也可以用不对称的方式来取得均衡的效果，如图1-5所示。

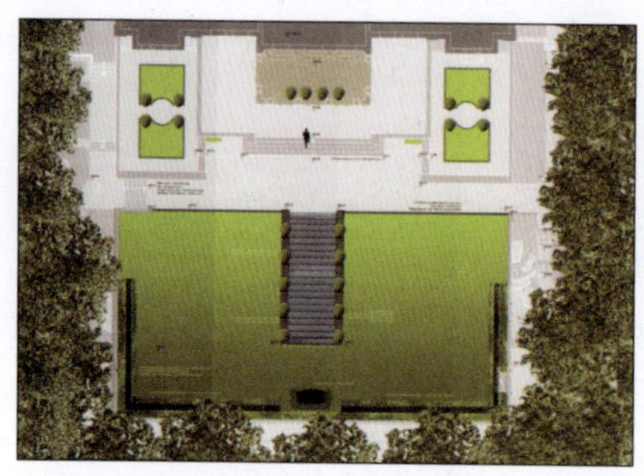

图1-4　对称的均衡设计

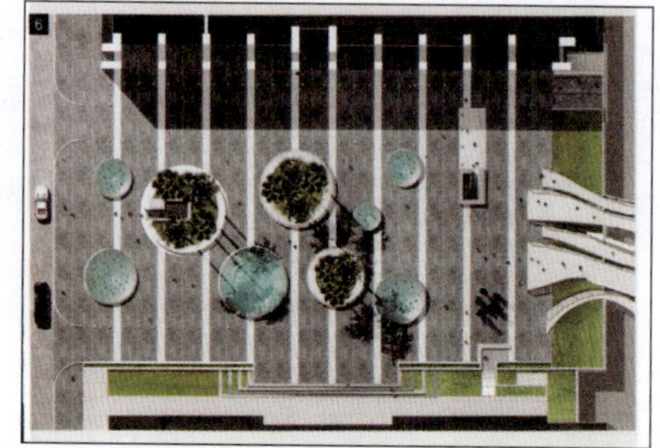

图1-5　不对称的均衡设计

稳定是指物体的上下关系在造型上产生的艺术效果。在布局中，往往通过在体量上采用下面大、向上逐渐缩小的方法来体现稳定坚固感。另外，还可以利用材料、质地、色彩给人的不同重量感来获得稳定的效果。

4. 韵律和节奏

自然界中许多现象（如浪潮）是有规律地重复出现的，非常具有节奏感。韵律和节奏即某一因素有规律地重复、有组织地变化（见图1-6）。景观设计中的韵律和节奏种类很多，有简单的韵律和节奏、交替的韵律和节奏、渐变的韵律和节奏、起伏曲折的韵律和节奏等，形成方式也有多种（见图1-7）。

图1-6 具有韵律和节奏的城市景观

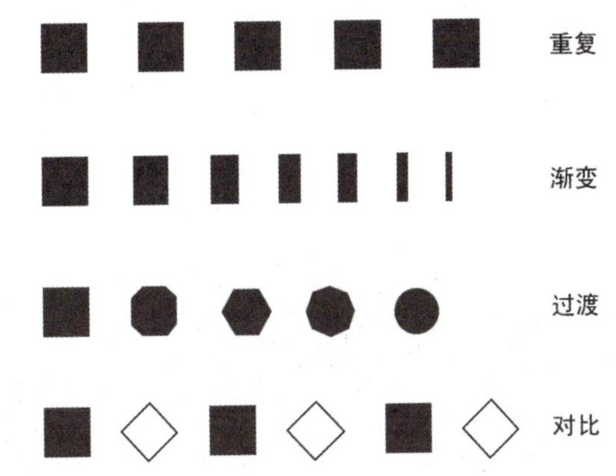

图1-7 形成韵律和节奏的几种主要方式

上述关于景观设计的美学法则是人们长期实践的积累和总结。这些法则对景观艺术创作有着重要的理论意义。在运用这些法则时要注意景观自身的特点，综合考虑主体、自然、时间、环境等因素。景观设计师创造的景观既要满足社会物质生活的需求，又要体现时代的精神和特征。

（二）景观设计的常用艺术手法

景观设计常用的艺术手法有11种，每种艺术手法都有其适用场景。

1. 轴线法

轴线法是利用轴线来组织景点、控制景观要素的方法。

轴线法是把连接两点或多点的基线（这条基线可以是有形的，也可以是无形的）作为轴来进行设计，从而使整个景观呈现出秩序感。轴线是一种统一的要素，具有视觉引导作用和观赏作用。

轴线的主要特点：轴线呈现出“线”的形态，具有长度、方向等属性；轴线可以是曲线或有转折的线；轴线可以汇聚，也可以相交；轴线可以形成对称布局（见图1-8），也可以形成非对称的效果。

图1-8 西方对称式园林（法国凡尔赛宫）

2. 对构法

对构法是将重要景物组织到视线的终结处或轴线的端点处，形成终视点的观赏效果（见图1-9）。对构法会形成底景、对景和主景。主景是要重点表现的、给予人视觉冲击及其他感官体验的部分，一般作为景观构图中心；底景一般指空间底层的水平界面，如地面铺装、水面等；对景则主要指景观空间中视线相对并互为景观节点的景物。

3. 因借法

因借法是通过视点、视线的巧妙组织，把空间的景物纳入视线之中，目的是丰富景观的层次、扩大空间，也称为借景法。因借法有近借、远借、邻借、仰借、俯借、应时而借等多种方式。北京颐和园的“湖山真意”远借西山为背景，近借玉泉山（见图1-10）；苏州拙政园的宜两亭是邻借的典范，“宜两”二字点出造园家的目的，即坐于亭中，一亭尽收两家春色（见图1-11）；杭州西湖的“平湖秋月”这一景点借清风、明月、青山等，可谓是应时而借的佳作（见图1-12）。

图1-9 以小雁塔为终视点的小雁塔历史文化片区

图1-10 北京颐和园的“湖山真意”

图1-11 苏州拙政园的宜两亭

图1-12 杭州西湖景点“平湖秋月”

4. 相似法

相似法主要是指形似，即利用事物之间相似的形象设计出整体和谐的景观。例如，广州无限极广场的绿地形态与建筑形态相呼应，如图1-13所示。

图1-13 广州无限极广场

5. 抑扬法

抑扬法是一种欲扬先抑的艺术手法，利用空间对比（从低矮到高大、从狭窄到宽阔、从阴到阳、从封闭到开敞等角度设计）来强化视觉感受。图1-14展示了假山石的门洞设计，该设计通过空间、视线的变化，自然而然地实现了移步换景的效果。

6. 障景法

障景法也是一种欲扬先抑的艺术手法，既能抑制（阻挡）视线，又能引导空间转折。图1-15中的文化墙装置通过欲露先藏的设计理念，避免了景观的一览无余，给人以“山重水复疑无路，柳暗花明又一村”的乐趣，将障景法运用得淋漓尽致。

图1-14 欲扬先抑的门洞设计

图1-15 创意的文化墙装置

7. 诱导法

诱导法是充分考虑动感效应的一种艺术手法，让观赏者先了解主景所在地和前进的目的，再通过艺术处理将观赏者逐渐引入主景。其具体方法有：把部分主景掩映在配景之后，使得主景若隐若现，让观赏者产生一种追求、期待的感觉；利用渐变的韵律和节奏起到导向作用；利用连续性元素将观赏者引入主景。图1-16中利落的建筑线条能够吸引观赏者进入建筑内部，图1-17中半透明金属网包裹的老建筑打造出了富有吸引力的透视景观效果。

图1-16 利落的建筑线条

图1-17 半透明金属网包裹的老建筑

8. 透视法

透视法是利用视觉的错觉来改变景观环境效果的艺术手法。

9. 框景法

利用景框框住景物或让景物整体露空，将景物凸显出来，形成更加丰富的层次和空间的变化，这就是框景法。框景作为前景，能够把人们的视线集中到主景处。

框景法的常见应用：阻隔景物，即在阻隔物上开些窗口，形成景窗（见图1-18至图1-20）；在景物的最佳位置上设置廊、柱、檐等框景。

图1-18　景墙框出的假山石画面

图1-19　如画的窗景

图1-20　框景凸显院内特色植栽

10. 衬托法

衬托法是利用图底关系，用底景衬托景物，突出主景。采用衬托法时要加大对比，强调反差，巧妙运用色彩、明暗、体量等；同时，也要强化主景的边缘和天际线，使主景轮廓更加清晰（见图1-21）。

图1-21　苏州博物馆庭院

11. 虚拟法

虚拟法是一种限定空间的艺术手法，可以围合，也可以不围合。例如，一些围墙会采用虚拟法来处理（见图1-22）。

图1-22 入户空间的虚拟围墙

（三）景观设计的技术应用

景观环境的建构与社会经济、文化的发展（特别是科学技术的发展）有着较为密切的关系。景观设计的理念更新没有一定的技术支持也是枉然。尤其是景观材料、施工工艺、设备等对景观环境质量有着显著的影响，它们不仅为景观环境的建构提供物质保障，而且会充实景观内容。每当新材料被发明和应用后，适应新材料特性且与环境相协调的景观便会不断涌现。

在信息时代，科技发展尤为迅猛，材料学、生态学、施工技术、计算机技术等领域都在快速发展和广泛应用。这也为人类进一步创造物质文化、改善生活环境提供了技术条件，为构建高品位、高质量的景观环境开辟了广阔的前景。

1. 景观材料

景观设计离不开材料，材料的质感、肌理、色泽和拼接工艺是设计师进行造型和环境创作的物质基础，运用不同材料创造出的环境效果和氛围是不一样的。

常用的景观材料包括石材、金属、玻璃、木材、竹材、砖、瓦、土以及现代复合材料等。这些材料在景观环境中的应用位置和作用是不一样的。这些材料既可以形成一定的界面，又可以形成独立的造型，还可以组合起来共同形成景观环境（见图1-23至图1-28）。

图1-23 木材的巧妙造型

图1-24 枯山水——以石为山，以砂为水

图 1-25　景观铺装中砖的铺砌

图 1-26　造型多变的钢材挡土墙

图 1-27　金属材质景观雕塑

图 1-28　墙面、地面铺装材质与金属雕塑的和谐搭配

2. 景观施工工艺

景观的形成与景观施工技术是密切相关的。景观施工是根据景观设计图纸进行综合的种植、安装和铺设建造的过程。在这一过程中，施工的精细程度会直接影响景观质量。因此，在设计过程中，要注意选择合适的材料，并充分考虑材料经施工拼接后形成的整体效果；要考虑植物、材料的运输和施工工序对景观的影响；要考虑乔木、灌木、藤蔓、草本花卉、水生植物等不同植物的施工方法和维护方法；要考虑有机材料和无机材料的结合运用，以及施工对现有地物、地貌的影响等。

3. 声、光、电等现代技术

随着社会生活功能的日益完善和现代技术的发展，现代人对景观的追求不再局限于传统的静态景观，而是更倾向于融合了多种技术、全方位感官体验的新型景观。例如，城市照明景观、音响调控装置和一些特殊光的运用在人们观赏景观时起到了刺激感官的作用。声、光、电技术的综合运用使现代景观有了进一步的飞跃，也更符合现代人对生活品质的要求（见图 1-29 至图 1-32）。

图1-29 香港中环“泡夏泡夏”装置

图1-30 “泡夏泡夏”装置意为触摸空间的生命

图1-31 华侨城·万科世纪水岸岛屿浮云景观小品

图1-32 声、光、电结合的景观小品

4. 计算机及遥感技术

计算机及遥感技术为景观设计提供了科学、精确的表现手段。它们不仅能够生成逼真的形象、高度仿真的视觉效果，还为景观信息的修改、复制、保存和异地传输提供了便利条件。

遥感分为航空遥感和航天遥感。航空遥感由飞机完成，航天遥感则利用卫星来实现。利用遥感技术可以省时省力、准确、科学地表达出地物、地貌的形态，也便于将现状资料数字化后运用到景观设计之中。

总之，景观设计的艺术与技术是相互依存、不可分割的，过分地偏向某一方都会导致问题出现。在景观设计过程中，一定要依照景观的功能、性质，综合考虑各方面因素，将景观设计好、建造好。

1.2.4 我国城市景观设计的当代课题

作为一个快速发展的国家，我国在景观建设领域正面临着许多亟待解决的现实问题。政府和相关行业部门也在不断寻求解决之道，致力于新型生态文明城市建设。一些比较新兴和热门的景观课题随之产生，这要求景观设计领域的学习者和从业者积极地学习和研究。

（一）海绵城市景观

近年来，我国城镇化进入高速发展阶段，建筑密度增加、不透水铺装面积扩大以及城市绿地面积紧缩致使自然界水循环严重受阻，引发了城市雨洪、河流水系污染及水资源短缺等一系列问题。2014年11月，我国提出了构建海绵城市体系——低影响开发雨水系统，这是在结合外国实践经验与本国国情的基础上，对城市健康发展模式的积极探讨。2021年，财政部办公厅、住房和城乡建设部办公厅、水利部办公厅联合发布了《关于开展系统化全域推进海绵城市建设示范工作的通知》，确定了第一批20个示范城市。时至今日，国家依然大力支持海绵城市（见图1-33）建设。

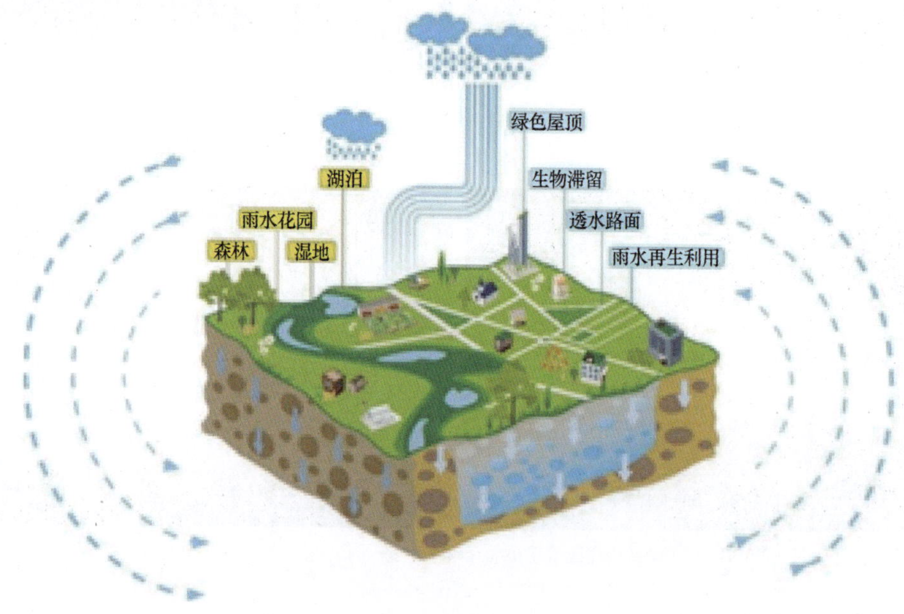

图1-33　海绵城市示意

《海绵城市建设技术指南——低影响开发雨水系统构建（试行）》给出了“海绵城市”的明确定义，即城市能够像海绵一样，在适应环境变化和应对自然灾害等方面具有良好的“弹性”，下雨时吸水、蓄水、渗水、净水，需要时将蓄存的水“释放”并加以利用。

总体来说，海绵城市的建设主要包括3个方面：保护原有生态系统；恢复和修复受破坏的水体及其他自然环境；运用低影响开发措施建设城市生态环境。海绵城市除了保护自然河流、湖泊、林地等，还应当高度重视城市绿地。在满足绿地功能的前提下，通过研究适宜绿地的低影响开发控制目标和指标、规模与布局方式、与周边汇水区的有效衔接模式、植物选择及优化管理技术等，可以显著提高城市绿地对雨水的管控能力（见图1-34）。

图1-34　海绵绿道：宁波东部新城生态走廊

景观设计一直关注生态问题，很多基于雨洪管理的景观受到广泛认可。但在海绵城市建设过程中，景观设计学科的研究与实践仍然面临巨大挑战。景观设计是海绵城市的建设参与者、功能实施者、本地需求诠释者，更应该是共同领导者和公众教育者。景观设计不应局限于制定单一的工程措施，而应该更好地明确角色定位，积极开展相关研究，提出更具创意的、整合多种功能的、结合中国特色的建设策略，以更好地指导实践工作，促进海绵城市早日实现。

（二）美丽乡村和特色小镇建设

我国是一个农业大国，广袤的国土上分布着大量的村镇。村镇的发展是我国社会、经济、文化发展的重要基础和支撑。村镇绿地建设作为我国村镇人居环境建设的重要组成部分，直接决定着我国村镇居民的生活生产质量，也直接影响着村镇的总体发展质量。

景观设计可以提高乡村居住环境水平，挖掘乡村景观的经济价值，加强乡村的文化景观建设，保护乡村的生态环境，遏制乡村建设的无序发展，推进美丽乡村社会经济、自然、文化的耦合发展，有效引导美丽乡村建设。目前，全国已涌现出许多美丽乡村、特色小（城）镇的优秀建设案例，如浙江安吉（见图1-35至图1-38）。

图1-35　浙江安吉山川乡村记忆馆

图1-36　复古的建筑外墙

图1-37　在建筑顶部设置天窗

图1-38　内部空间朴素自然，软装以原木为主

（三）城市双修

城市和生态两个议题在当今社会极为重要。城市生态系统问题的实质是生活在城市中的人类与其生存环境之间的关系失衡。这种失衡的明显特征是城市人类生存环境质量的下降，以及由此引发的城市人类生存危机。

为积极应对近年来我国快速城镇化所暴露的各种“城市病”，住房和城乡建设部提出了以“生态修复和城市修补”为核心的城市双修战略。目前，我国仍处在快速城镇化过程中，人们对资源、空间的需求和城市有限的土地资源以及自然环境承载力之间的矛盾日益突出；同时，城市人口的增加和经济活动的日渐频繁导致城市的负荷逐渐增加，以至于城市发展、城市规划、城市生态环境、人居环境都面临多方面的威胁。根据中共中央、国务院《关于加快推进生态文明建设的意见》《关于进一步加强城市规划建设管理的若干意见》等文件精神，要着力加强生态修复和城市修补工作。因此，生态文明城市的建设日益受到重视，城市生态保护、修复等成为景观设计学科需要承担的重要责任（见图1-39）。

图1-39　2017年中国风景园林学会年会主题为“风景园林与‘城市双修’”

（四）数字景观

数字景观是多种技术手段（特别是计算机技术和数字技术）与风景园林学相结合的产物。它借助地理信息系统（Geographic Information System，GIS）、遥感、遥测、多媒体、互联网、人工智能、虚拟现实、仿真和多传感器融合等技术，对景观信息进行采集、监测、分析、模拟、创造和再现。

具体来说，数字景观可以运用各种数字显示技术和3D技术，结合传统的园艺、雕塑、水景、照明等手法，展示超越传统、超乎想象的新型景观。这类景观结合了文字、图像、影像、声音、气味、灯光以及各种交互行为等，形成了一个可控制的景观空间。

作为科学与艺术的结合，现代景观设计不仅关注事物的形态，还关注事物形态背后的规律。例如，需要用黄金分割、空间尺度、韵律色彩等来实现形态的“美的规律”，也需要用生态绩效、生境构成、参数化设计等来实现生态的“自然规律”。科学规律的运用催生了相应的科学技术。如今，数字景观技术越来越多地应用于景观设计研究、设计、营建与管控的各个过程，从数据采集分析、虚拟现实与表达、数字模拟与建模、参数化设计与建造到物联传感与数字测控等，数字景观无处不在（见图1-40和图1-41）。

图1-40 清华大学建筑学院的混凝土3D打印步行桥

图1-41 混凝土3D打印步行桥制作现场

1.3 景观设计的原则和基本流程

景观设计需要按照规定的工作流程和方法，经历一个由浅入深、从整体到局部、不断完善的过程。设计师需要遵循设计原则，对所有与设计相关的内容进行概括和分析，最终提出合理的方案，完成设计任务。

1.3.1 景观设计的原则

为了使景观空间更符合人们的需求、设计处理得当，景观设计应遵循以下原则。

（一）以人为本原则

景观设计的服务对象是人。景观设计中人文因素的提出就是建立在以人为本的设计原则基础之上的。物质空间形态的完成并不是景观设计的目的，景观环境最终是要供人使用、为人服务的。如果没有人在其间活动，景观环境就犹如一个没有演出者的舞台，是毫无意义的。因此，景观设计应当以人为中心，按照人的活动规律统筹安排交通、用地和设施；致力于构建一个高度舒适的环境，杜绝非人性化的空间要素；合理安排无障碍设计，以满足不同人类群体的需求（见图1-42至图1-44）。

图1-42 公共设施中的残疾人专用停车位

图1-43 台阶的无障碍设计

图1-44 户外舒适体贴的休息设施

（二）生态性原则

生态环境作为人类生活的自然环境，为人类的生存和发展提供了背景。景观设计的生态性原则，就是将人工环境与自然环境有机结合，合理开发和利用场地，尽量做到不破坏原生态系统，同时采取措施恢复已破坏的生态系统。要特别注意保护优美的自然天际线和景观节点之间的视觉廊道。景观工程要顺应原有地形，尽量采用当地植被，避免破坏地质构造（见图1-45）。

图1-45　自然的缓坡地形和优美的林冠线

（三）整体性原则

从设计的行为特征来看，景观设计是一种强调环境整体效果的艺术。在这种设计中，对各种实体要素（包括各种室外建筑构件、景观小品等）的创造是重要的但不是首要的，因为最重要的是把握环境的整体性。一个完整的景观设计不仅能充分体现构成环境的各种物质的性质，还能在此基础上形成统一而完美的整体效果（见图1-46）。没有对整体性的良好把握，再美的形体或形式都只能是支离破碎或自相矛盾的局部。

图1-46　建筑、水体、植被等各景观要素的良好统一

（四）科技性原则

景观的创造是一门工程技术性科学，其空间组织策略的成功实施必须依赖技术手段。只有科学应用材料、工艺以及各种技术，才能圆满达成设计意图。现代社会中，人们对环境的要求越来越趋向于高档化、舒适化、快捷化、安全化。因此，景观设计中增添了很多高科技元素（如智能化的管理系统、现代化通信技术等），层出不穷的新材料也在不断地充实和更新景观设计的内容（见图1-47和图1-48）。

图1-47　结合新材料和技术的景观廊架

图1-48　深圳荷水文化基地暨洪湖水质净化厂

（五）艺术性原则

艺术性是景观设计的主要特征之一。景观设计中的所有内容都以满足功能为基本要求，这里的“功能”包括“使用功能”和“观赏功能”，二者缺一不可。室外空间包含有形空间和无形空间两部分。有形空间包含形体、材质、色彩、景观等，其艺术特征一般表现为建筑环境中的对称与均衡、对比与统一、比例与尺度、节奏与韵律等。无形空间的艺术特征是指室外空间给人带来的流畅、自然、舒适、协调的感受与各种精神需求的满足。二者的全面体现才是景观设计的完美境界（见图1-49）。

图1-49　具有绝佳意境的中国传统园林

（六）多元性原则

景观设计的多元性是指将人文、历史、风情、地域、技术等多种元素与景观环境相融合，如在城市众多的住宅环境中，可以有展现当地风俗的景观，也可以有异域风格的景观，还可以有古典风格、现代风格或田园风格的景观（见图1-50）。这种多元形态有着丰富的内涵和神韵：典雅与古朴、简约与细致、理性与感性。因此，多元性城市园林环境能让整个城市更加丰富多彩。

图1-50　简约现代的小区环境

1.3.2　景观设计的基本流程

景观设计是一个由浅入深、从粗到细、不断完善的过程。设计师在接到设计任务书后，应先充分了解设计委托方的具体要求，然后进行基地调查，搜集相关资料，对整个基地及环境状况进行综合概括分析，提出合理的方案构思和设想，最终完成设计。这种先调查再分析、最后综合的设计过程可划分为5个阶段，即任务书阶段、基地调查和分析阶段、方案设计阶段、详细设计阶段、施工图阶段。

景观设计的每个阶段都有不同的内容，需要解决不同的问题，并且对设计表达和图纸也有不同的要求。

（一）任务书阶段

在任务书阶段，设计师应充分了解设计委托方的具体要求，如设计预期、造价和时间期限等。这些内容往往是整个设计的根本依据，从中可以确定哪些值得深入细致地调查和分析，哪些只需进行一般的了解。任务书阶段很少用到图面，常用以文字说明为主的文件。

一般来说，如果设计项目工程的投资规模大、对社会公众影响较广，需要举行招投标，只有在招投标中胜出才能取得规划设计委托的机会。招投标主要是根据方案的性价比进行筛选，也就是说，方案要思路好、功能安排合理、利于实施，同时造价要尽可能低。因此，招投标的实质是择优。但鉴于规划设计的特殊性，招投标制度并不完全适用于选择最佳方案和进一步的优化，有的城市以竞赛的方式征集方案。除了竞赛、招投标，大部分项目是以直接委托的方式进行的。无论是哪种方式，设计师都要明确项目的基本内容，根据自己的情况决定是否接受规划设计任务。

（二）基地调查和分析阶段

任务书阶段结束后，就应该着手进行基地调查，搜集与基地有关的资料，补充并完善不完整的内容，对整个基地及环境状况进行综合分析。搜集来的资料和分析的结果应尽量用图面、表格或图解的方式呈现，通常用基地资料图记录调查内容，用基地分析图展示分析结果。这些图通常徒手绘制，图面应简洁、醒目、说明问题，图中常用各种标记符号，并配以简要的文字说明和解释。只有对基础资料进行充分的分析，才能做出正确、合理的方案。具体的调查和分析包含以下内容。

1. 环境条件调查

需要搜集的资料包括场地环境、人文环境、城市规划设计条件和其他特殊资料4个方面。

（1）场地环境

基地自然条件： 地形、地貌、植被、水体、土壤条件、地质构造等（见图1-51）。

气象资料： 日照、温度、风、降水、微气候等。

基地建筑： 场地内外相关建筑及构筑物状况（含规划的建筑）。

道路交通： 交通类型、交通需求、居民出行、交通线路、道路设施、停车设施及未来规划道路等。

城市方位： 在城市中的地理位置。

市政设施： 水、暖、电、信、气等管网的分布及供应情况。

污染状况： 相关的空气污染、噪声污染和不良景观的方位及状况。

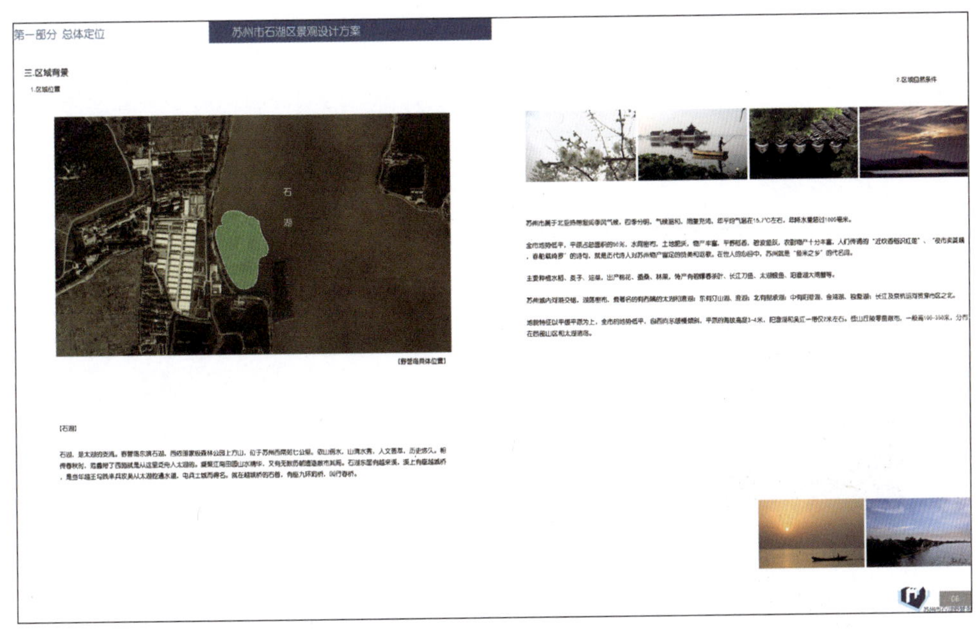

图1-51 基地自然条件分析

（2）人文环境

城市性质环境： 是政治、文化、金融、商业、旅游、交通、工业还是科技城市，是特大型、大型、中型还是小型城市。

地方文化风貌特色：和城市相关的历史文化、名胜古迹、民俗民风、地方建筑等（见图1-52）。

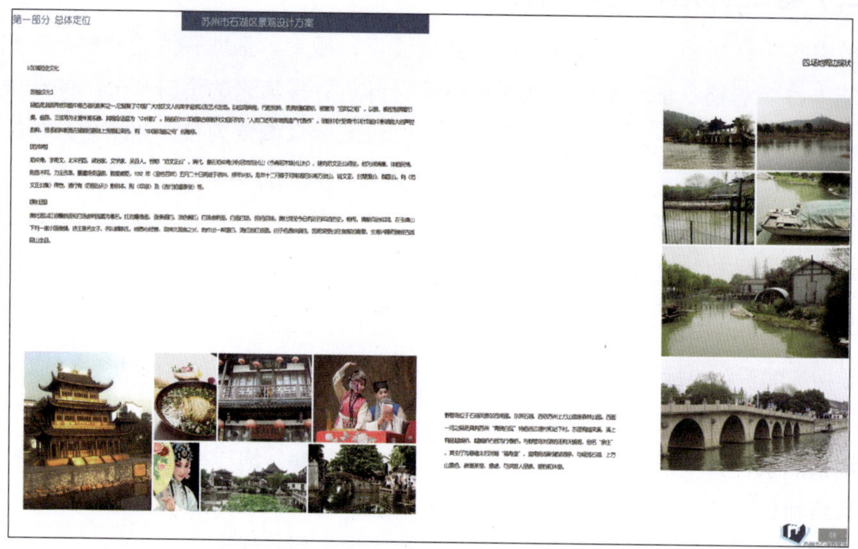

图1-52 周边现状和人文景观分析

（3）城市规划设计条件

城市规划设计条件是由城市管理职能部门依据法定的城市总体发展规划提出的，其目的是从宏观角度对城市具体建筑项目提出若干控制性限定要求，以确保城市整体环境的良性运行和发展。在进行设计前，要了解规划中对用地范围、面积、性质以及基地范围内构筑物高度的限定、绿化率要求等具体内容。

（4）其他特殊资料

有些设计需要一些比较特殊的资料。例如，设计一个运动公园，需要调查使用者的数量和对运动设施的需求；设计商业购物中心，需要掌握消费群体的层次、到居住区的距离等信息（见图1-53）。

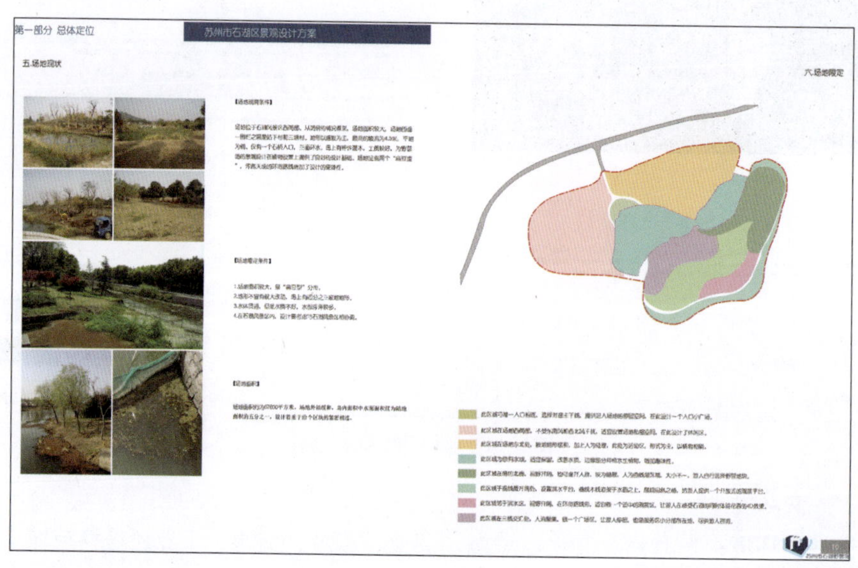

图1-53 场地现状分析

2. 经济技术因素分析

经济技术因素是指建设者在建设方面的实际经济条件与技术水平，它决定了景观建设的材料、规模、数量等，是除功能、形式以外影响景观设计的另一重要因素。

3. 实例调研与资料搜集

调研实例和搜集相关资料对于景观设计非常重要。实例调研和资料搜集可以一次性完成，也可以穿插于设计过程中进行。

（1）实例调研

实例调研应本着实例性质相同、内容相近、规模相当、方便实施，并体现多样性的原则。调研内容包括对一般技术性了解（如对构思、总体布局、平面组织和空间组织的基本了解）和使用管理情况的调研两部分。最终调研成果应以图、文形式展现出来（见图1-54）。

图1-54　项目实例调研

（2）资料搜集

资料搜集包括规范性资料搜集和优秀设计图文资料搜集两方面。景观设计涉及的一些规范是为了保障景观建设的质量而制定的。在设计中，要做到熟练掌握并严格遵守设计规范。优秀设计图文资料的搜集是为了对景观设计作品的总体布局、平面组织、空间组织等进行基本的了解。

完成资料的搜集和取舍后，就进入了分析阶段。分析的目的是发现自然、社会、人文、历史方面的规律，为制定景观设计方针和要点做准备，并进一步修正、完善原有的规划目标和内容。主要的分析方法有叠加分析、定性分析、定量分析等。

4. 确定景观设计的基本目标、方针和要点

在对资料进行充分分析的基础上，明确景观设计的基本目标，并确定方针和要点。基本目标是景观设计的核心，是方案思想的集中体现，是在设计实施后希望达到的最佳效

果，其应该符合现实状况、突出重点。景观设计方针是实现基本目标的根本策略和原则，是规范景观建设的指南，其应该服务于景观设计基本目标，简明扼要。景观设计的要点是具有决定性意义的设计思路，关系到方案是否成功，必须符合基本目标。景观设计要点涉及全局的生态系统、视觉布局、功能分区等方面，而非某个局部，需要从以下几方面考虑。

一是基地内外部的优势条件，如植被茂密、地形多变等。优势条件应当尽量保留并积极地利用，以凸显地区特点。

二是基础设施是否完善。基础设施是人类居住和工作所必需的设施。景观设计必须考虑如何利用现有的设施以及完善基础设施。

三是基地内外部的薄弱之处，如生态系统脆弱、水位低、地质灾害频繁等。一旦建设不当，会造成难以弥补的后果，因此应该扬长避短，或者通过精心的设计弥补先天的不足。

（三）方案设计阶段

当对基地设计要求、环境条件等有了较全面系统的了解之后，就需要进行方案设计。这一阶段的具体工作包括构思立意、方案构思及谋篇布局。

1. 构思立意

立意相当于确定文章的主题思想，在景观设计中有着举足轻重的地位，其能决定整个设计的成败。在构思立意阶段，设计师应对将要进行的设计工作有清晰的认识，在制定设计原则时必须充分考虑可实施性的问题。同一立意往往可以通过不同的操作体现。构思立意的方法有很多，可以直接从大自然中获取设计素材和灵感，提高构思能力，也可以发掘与设计有关的素材，并用隐喻、联想等手段加以艺术表现（见图1-55）。

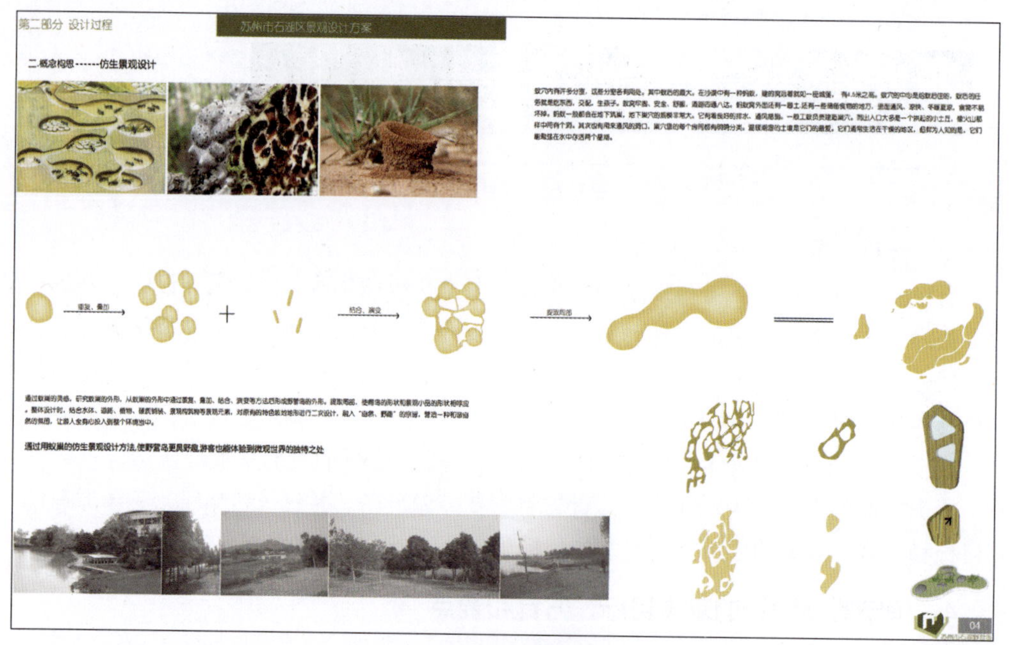

图1-55　设计主题概念分析

我国古典园林所蕴含的深邃意境正是源于其独特的构思立意。例如，著名的扬州个园以石为构思线索，从春、夏、秋、冬四季景色中寻求意境，结合园林创作手法，形成了“春山淡冶而如笑，夏山苍翠而如滴，秋山明净而如妆，冬山惨淡而如睡”的佳境。

西方现代景观重视隐喻和设计的意义，寻求独特的立意也是一种普遍趋势。许多设计师在设计中通过文化、形态或空间的隐喻来创造有意义的内容和形式。

要提高构思能力，设计师需要摄取多领域的专业知识，树立正确的艺术观并提高审美水平。另外，平时要善于观察和思考，学会评价和分析优秀的设计作品，从中汲取有益的元素。

2. 方案构思

方案构思是方案设计阶段至关重要的一个环节。它是在构思立意的思想指导下，将分析研究的成果具体落实到图纸上。常用的图面有功能分区图、方案构思图和各类规划及总平面图。方案构思的切入点是多样的，应该充分利用基地条件，从功能、形式、环境入手，运用多种手法得到方案的雏形（见图1-56）。首先要确定功能，进行功能分区，绘制功能分区图。

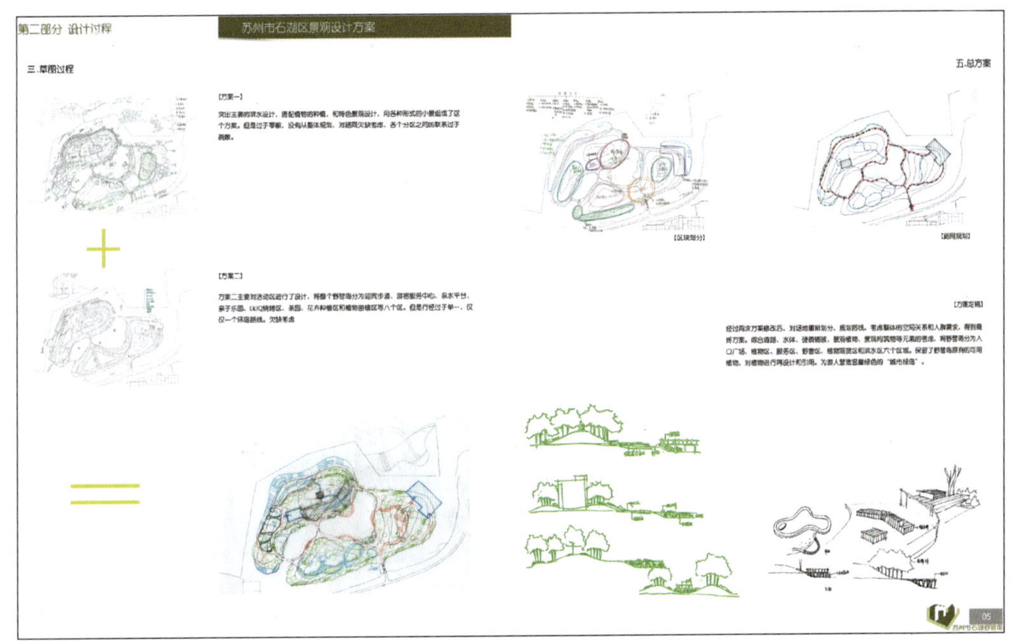

图1-56　方案构思草图

地区、空间具有各种各样的功能（如交通、居住、商业、娱乐），有的是以某种功能为主、其他功能为辅，有的是多种功能混合在一起形成复合功能空间。无论是何种空间，必然存在主要功能和次要功能。在基本目标、方针和要点明确后，需要进行主要功能的规划和配置。

主要功能确定后，还要确定次要功能，包括入口、停车、出口、餐饮、休息等。主要功能和次要功能共同形成完整的空间。次要功能的选择主要根据规划设计区的规模、位置以及委托方的需求进行。

功能确定后，需要进行空间上的组合。常用的方法就是制作功能分区图。基于对基地资料的分析，根据基地的特性和制约条件，明确基地内各个部分可以承担的功能和规模，进行大致的功能配置，这称作功能分区。以此为主要内容的图称作功能分区图。功能分区应注意以下原则。

根据基地各个部分的特征确定功能。例如，广场、停车场、大型建筑物、运动场一般设置在平缓地，坡地适宜作为绿化区，湿地可以配置生态游览区，水面则适宜作为水上活动区。如果基地的特性无法满足功能需要，就需要进行工程改造，但这样会增加建设成本。

功能的组合应该充分考虑使用者的习惯和便利性。路线组织应当避免重复，兼顾各个功能区；休息区应当分散布置在人流聚集处附近；出入口尽量配置在交通便利之处；停车场尽量靠近出入口；管理中心则一般布置在比较隐秘的地方，并且搭配工作人员的生活工作设施。

尽量降低日常管理维护的成本。景观设计的对象（如公园、街区等）需要经受长时间的使用。从经济的角度出发，在功能分区阶段就应当考虑降低日常的管理维护成本。各个功能区应该尽可能地发挥各自地段的优势。

3. 谋篇布局

谋篇布局是指在景观选址、立意、构思的基础上，设计师在创作设计过程中所进行的思维活动，主要包括选取、提炼题材，酝酿、确定主景和配景，功能分区，景点、游赏路线分布，以及确定景观形式等。谋篇布局阶段的意义在于通过全面考虑、总体协调，使景观的各个组成部分得到合理的安排，在内容与形式上产生有机的联系。当基地规模较大或所安排的内容较多时，就应该在方案设计之前完成整个景观的用地规划或布置，以保证功能合理、基地条件得到充分利用，诸项内容各得其所，然后再分区分块进行各局部景区或景点的方案设计。若范围较小，功能不复杂，则可以直接进行方案设计。

一般来讲，谋篇布局阶段的主要任务包括分区规划，地形的利用和改造，建筑、广场及园路布局，植物种植规划，建园程序制定及造价估算等。

（四）详细设计阶段

这一阶段也是方案的优化和完善阶段。方案设计完成后，应与委托方共同商议，然后根据商讨结果对方案进行修改和调整。一旦初步方案定下来，就要全面地对整个方案进行各方面的详细设计，包括确定准确的形状、尺寸、色彩和材料，绘制各局部详细的平立剖面图、详图、园景的透视图，以及表现整体设计的鸟瞰图。这一阶段包含3个层面的工作。

1. 方案优化与调整

方案优化是在构思的基础上进行多方案比较的过程。景观设计是一项复杂的工程，涉及众多复杂因素。随着构思的不断成熟和布局的进行，需做进一步的分析比较。同时，方案的构成方式、方法多种多样，而且侧重点有所不同，需对它们的优缺点及可能存在的问题进行深入的研究。另外，在设计阶段还可采用草图或工作模型对方案进行推敲，只要可行，所有具有建设性的思想和建议均应采纳，对方案不断加以调整、修改和补充。方案调整主要有以下环节。

- 完成较为详细的整体方案设计。
- 确定各个功能空间的尺度、特性及相互关系，形成较为详细的布局。
- 进一步完善景观的形象要素。

● 确定结构技术要求，选择合理的材料，形成构造的初步设计。

2. 方案的深化

在深化阶段，设计师要进行的工作如下。

● 解决技术方面的问题（如确立景观设施的结构、构造及实施方法、色彩、质感、材料等），此时是在总体构思不变的情况下，对一些技术细节进行细微的调整，使景观设计方案更加明确、细致、完整。
● 协调各个方面，处理好景观要素之间的关系。
● 把握好全局的处理，切忌偏重于某一方面而忽视其他问题的解决（见图1－57至图1－59）。

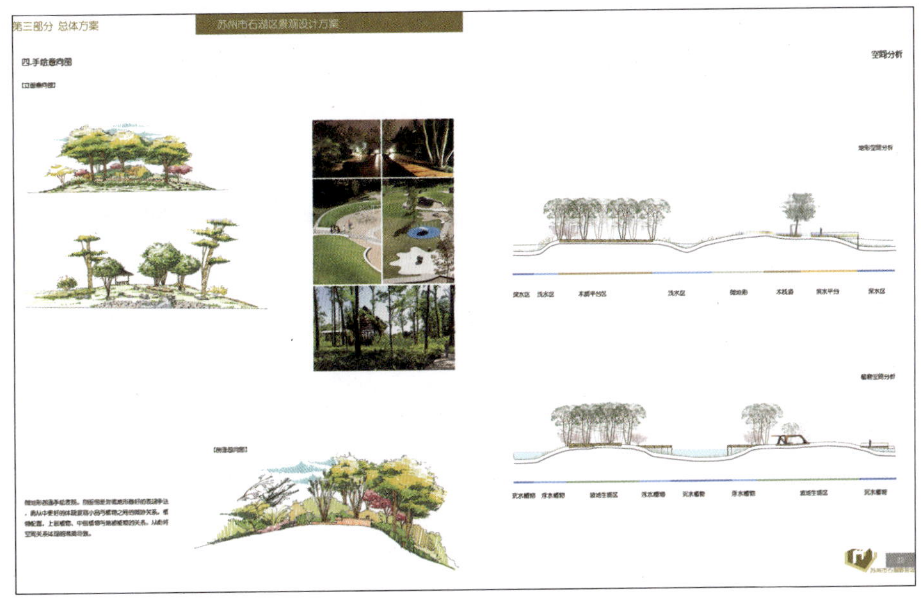

图1－57　手绘意向图示例

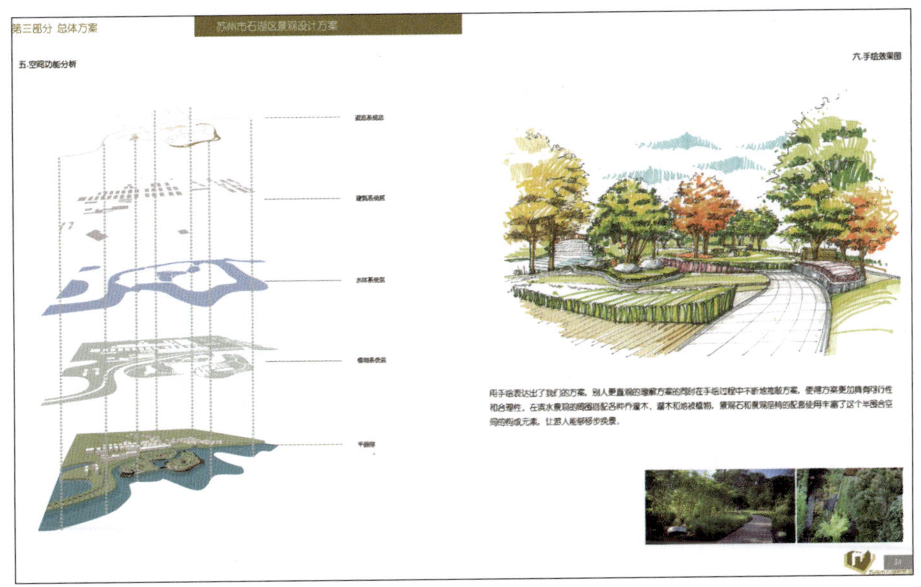

图1－58　空间功能分析

图1-59 方案深化设计手绘效果图

3. 方案设计的表现

景观设计通过图纸、模型等进行表现是景观设计的最后一个重要环节，是将成熟的构思用图纸或多媒体形式表现出来。依照景观设计的内容，其表现内容包含技术图、效果图、方案文本和版面，以及方案模型和动画。

（1）技术图

- 位置图属于示意图，表示该景观区域在城市的位置，一般比例较大。
- 现状分析图是根据已掌握的全部资料，经分析、整理、归纳后，对现状进行综合评述，并用圆形或抽象图形将其概括地表示出来的图。
- 分区图是根据总体设计原则、现状分析图，划出不同的空间和区域，满足不同的功能要求，并使功能与形式尽可能统一。分区图主要反映不同空间及其之间的关系，多采用抽象图形圈定分区范围。
- 总平面图包括5个方面内容，一是景观基地与周围环境的关系，即周围主要单位或居民区等，景观空间与周围的分界是围墙还是透空栏杆要有明确表示；二是景观场地的位置、面积、规划形式以及广场、停车场的布局；三是景观空间的地形总体规划、道路系统规划；四是建筑物、构筑物的布局情况；五是植物景观设计构思等（见图1-60）。
- 竖向设计图用来反映景观的地形结构，以山体、水系的内在有机联系为主。
- 道路系统图用来反映主要道路的位置，确定主要道路的路面材料、铺装形式等。
- 种植设计图的内容主要包括不同植物的安排，即确定基调树种、骨干造景树种等（见图1-61和图1-62）。

（2）效果图

形象化的图往往是人们最易理解和感兴趣的。设计师为了使委托方更直观地了解景观设计的意图，需要通过不同的手段和形式形象地表现设计方案。效果图有如下形式。

图1-60　总平面图

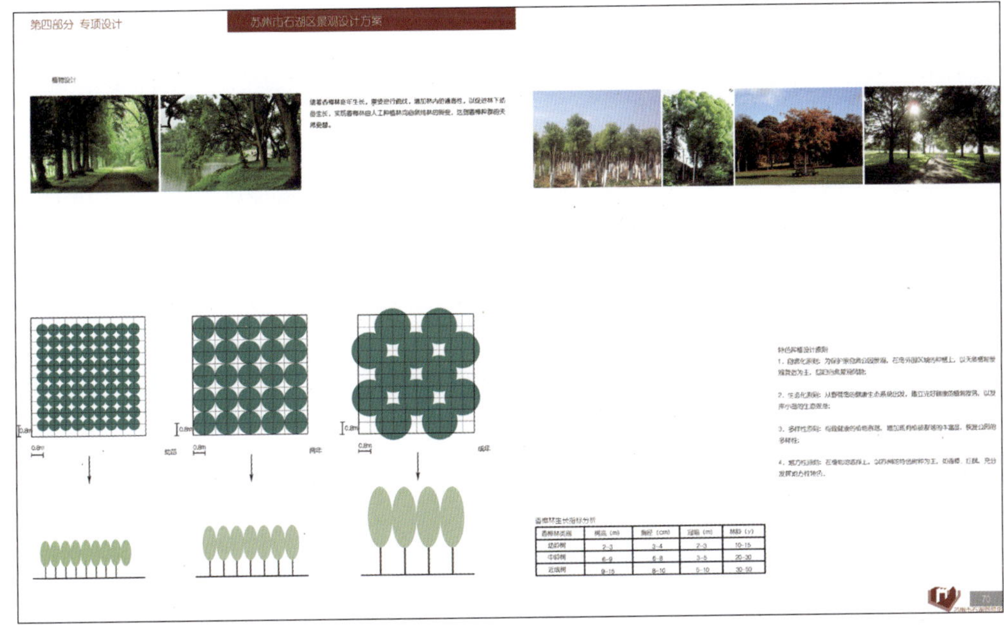

图1-61　植物设计分析

- 轴测图（见图1-63）。
- 效果表现图：又分为手绘表现图与计算机辅助表现图（见图1-64至图1-66）。

（3）方案文本和版面

在确定最终方案以后，需要绘制详细的图样，制作精美的版面和文本，将最终的成果进行提交和展示。这些成果包括设计说明书、总平面图、局部平面图、剖立面图、轴测图、三维鸟瞰图及各分析图等。不同类型的图表达了设计方案的不同内容，将其联系起来就可以对方案有一个全面的认识（见图1-67至图1-72）。

图1-62　植物设计配置平面图

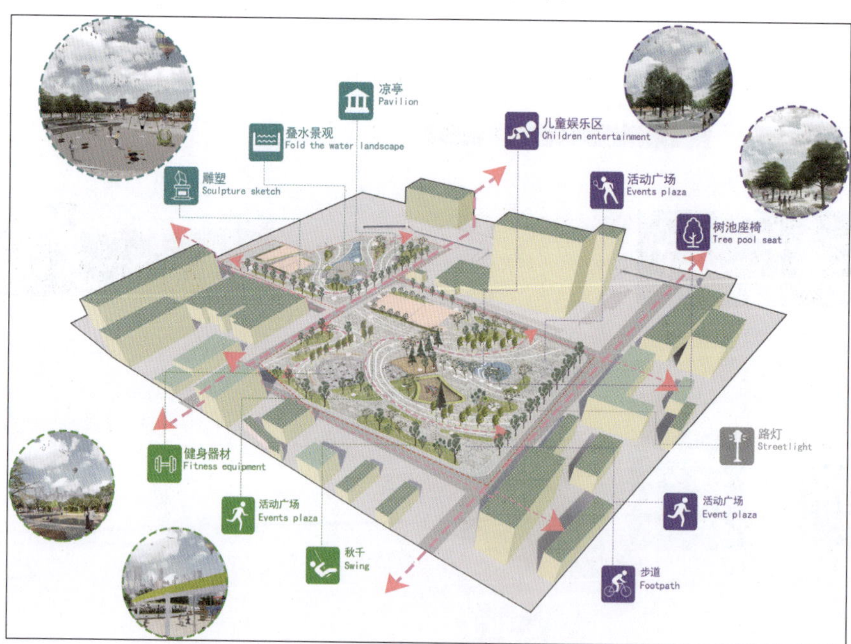

图1-63　轴测图

图1-64　手绘表现图1（学生作业：章佳梅）

图1-65　手绘表现图2（学生作业：章佳梅）

图1-66　鸟瞰效果图

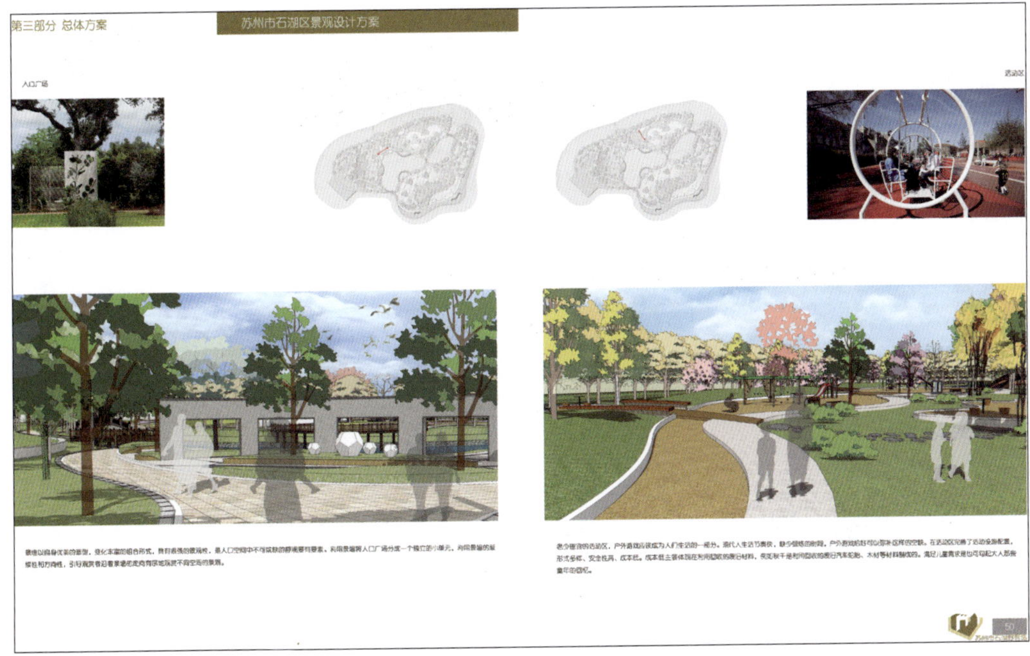

图1-67　入口广场效果图

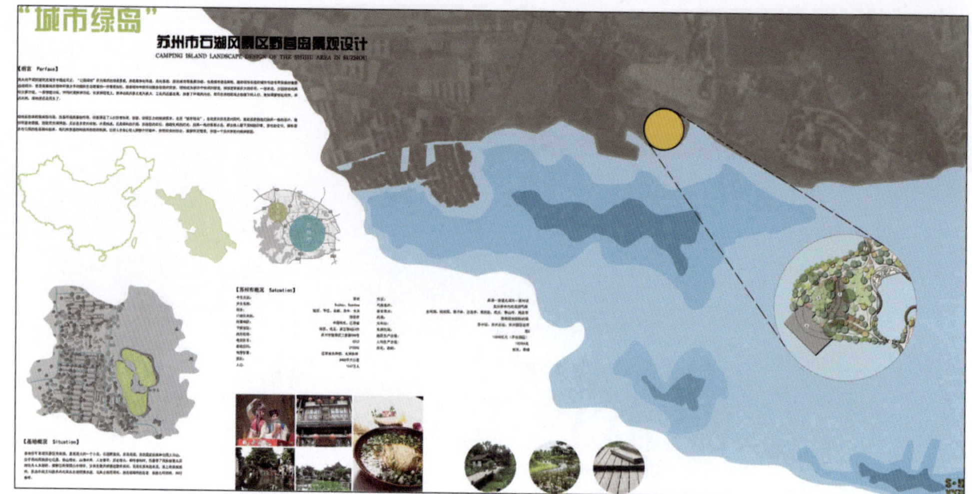

图1-68　展板1

图1-69　展板2

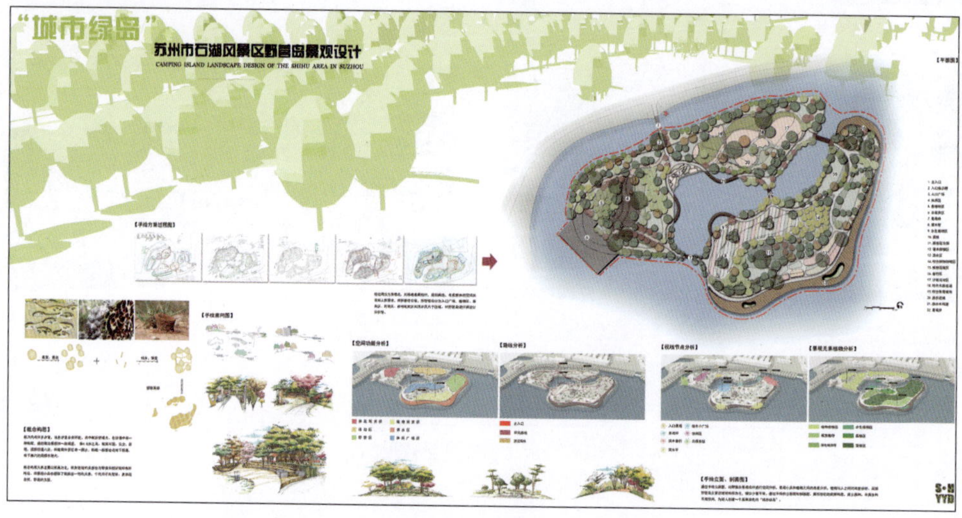

图1-70　展板3

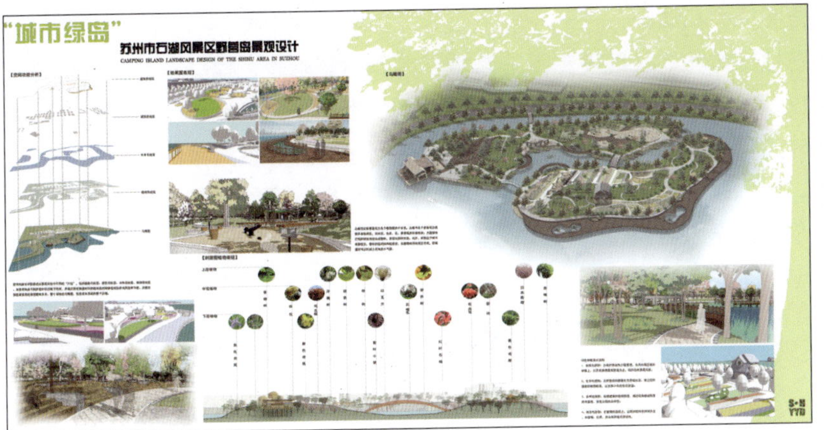

图1–71　展板4

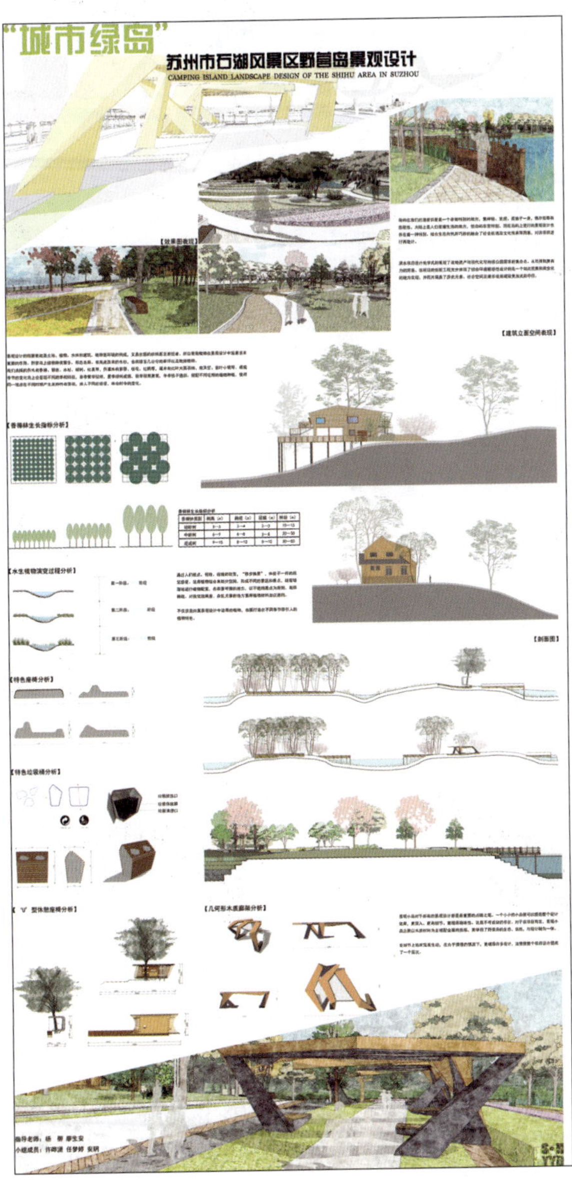

图1–72　展板5（学生作品：许晔潇、任梦婷、安玥）

（4）方案模型和动画

模型在最终方案的表现中起着非常重要的作用。首先，模型具有直观的真实性和较强的可体验性，能够弥补图样在三维空间表现上的不足，尤其适用于大型且功能复杂的园林方案。另外，模型有助于学习者揣摩和体验空间塑造，分析方案的可实施性。模型可以是实物模型，也可以是运用建模软件生成的计算机模型。实物模型多见于课堂方案推敲、概念模型的创意构思以及项目的沙盘模型展示（见图1-73）。计算机模型多用于效果制作和动画制作（见图1-74）。

图1-73　景观方案的实物模型（学生作品：王典、罗晓婷、周婉婷）

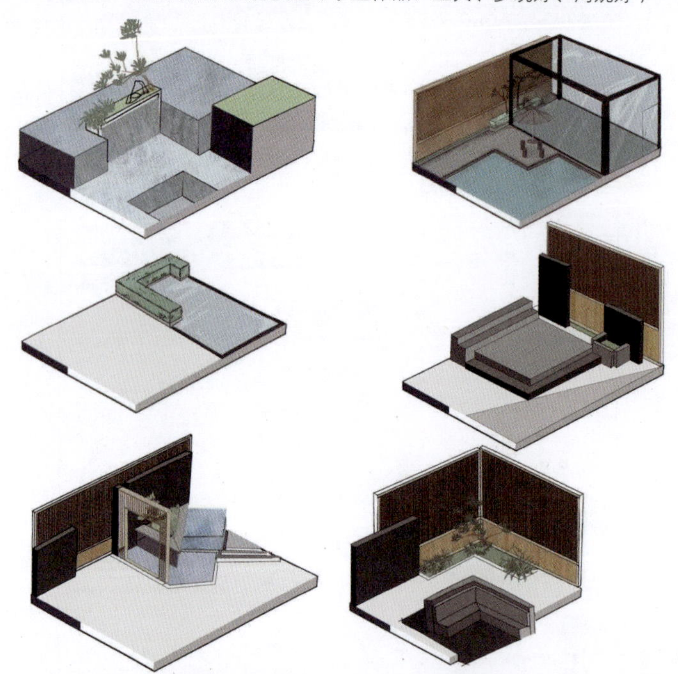

图1-74　景观方案的计算机模型（学生作品：刘雨露）

三维动画在方案展示中的应用越来越广泛。它可以在方案设计图的基础上进行更为真实的虚拟场景展示。三维动画利用计算机制作中随意可调的镜头，进行鸟瞰、穿梭、长距离游览等，增强了景观的气势，令观者赏心悦目。

（五）施工图阶段

施工图阶段是将设计与施工连接起来的环节。根据设计方案，结合各工种的要求，分别绘制出能具体、准确地指导施工的各种图面（如施工平面图、地形设计图、种植平面图、景观建筑施工图等）。这些图面应能清楚、准确地展现各项设计内容的尺寸、位置、形状、材料、种类、数量、色彩以及构造和结构。

1.4 景观设计之道

景观设计的内容多而复杂，综合性强，工作流程要求严格。除了进行技术层面的学习和训练，设计师还需要根据职业特点和工作性质有针对性地培养自己的职业素养和综合能力。因此，在景观设计的过程中还应注意以下几个事项。

（1）注重设计素养的培养

优秀的设计师应当具备渊博的知识和丰富的方法经验，这需要读者通过学习和工作长期积累。此外，设计师的素质和修养也十分重要，设计观念、审美水平及设计方向都与设计师自身的素质和修养有关。因此，设计师除了不断积累相关专业知识，还要涉猎生活、艺术、科技等多方面的综合知识，通过不断学习和历练，达到认识、提高、再认识的目的。

（2）注重工作作风和构思习惯的培养

好的工作作风包括坚持不懈、全身心投入、认真仔细等优良习惯，读者应积极培养。此外，在工作中还需要养成手脑配合、思维与图形表达并进的构思方式。在构思过程中，随时随地如实地将思维阶段的成果用图形表现出来，这不仅有助于厘清思路，顺利将思维引向深层次，而且图形的表现能及时验证思维成果，矫正构思方式，加速构思的完成。

（3）观摩、交流以提高设计水平

对初学者而言，相互交流和对设计名作进行适当解读是提高设计水平的有效方法。名作所体现的设计方法、观念往往比一般的作品更深入、正确，甚至更前沿。在学习过程中，除了观摩作品，还应在理解的基础上多研究其背景、评论资料，真正做到知其然，又知其所以然。

相互交流也有利于取长补短，要积极参与学校或其他途径的各种专业讲座、专业论坛，与更多专业人士进行交流学习。这样能逐步更新设计观念、改进设计方法，更全面地认识问题。

1.5 知识拓展

扫描右侧二维码，观看微课视频，学习景观设计相关知识。

第二篇　景观设计分析

景观设计融合自然与人造元素，旨在创造宜居环境。深入的景观要素分析和空间分析是实现设计目标的关键。景观要素分析揭示各要素的潜力，将植被、地形、建筑等融入设计。景观空间分析优化布局，满足人们的需求，创造愉悦的体验。设计师通过综合考虑要素之间的关系和空间结构，打造与自然和谐共融的场所，从而助推可持续发展和社会进步。

2.1 景观要素分析

景观设计包含多种设计要素，这些要素共同作用，构成了景观的空间形态、尺度等，进而塑造出各具特色的景观空间。了解景观要素及其构成的景观空间，有助于更好地了解景观并运用相关知识进行景观设计。

景观要素主要包括地形要素、植物要素、水体要素、景观小品。这些要素共同作用于景观，构成了丰富多彩的景观世界，为人们提供了独特的视觉享受和情感体验。

2.1.1 地形要素

地形要素是指构成地形的各个部分，包括地貌、坡度等。不同的地形塑造了多样的表面形态和空间结构。在景观设计中，需要充分考虑地形要素的影响和作用，以创造出既美观又实用、既具有文化内涵又可持续发展的景观环境。

（一）地形及其相关内容

1. 地形

地形即地表的外观，它是景观设计中各个构成要素的基础和载体，也是所有室外活动的基础。作为其他景观构成要素的载体，地形有高有低、有峻有悬、有平有坦，如山谷、盆地、丘陵、平地等（见图2-1至图2-4）。这些不同的地形具有不同的特征，直接影响景观的空间构成和空间感受，进而影响景观的美学特征。

图2-1　山谷

图2-2　盆地

图2-3　丘陵

图2-4　平地

2. 坡度

决定地形特征的关键要素之一是“坡度”。坡度用以表示斜坡的倾斜度（见图2-5），常用于标记丘陵、屋顶和道路的倾斜度。坡度较小时，地形较为平坦，表现为平地或缓坡；坡度较大时，地形则较为陡峭，表现为山丘、陡坡等。

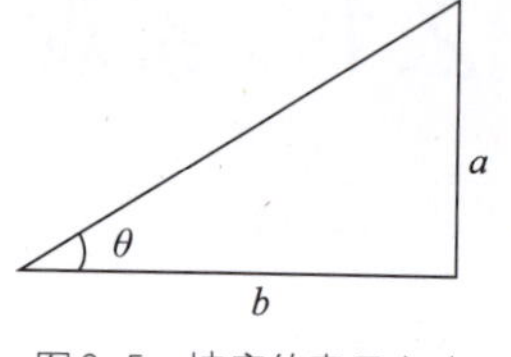

图2-5 坡度的表示方法——度数θ°

在景观设计中，有几种常用的坡度需要注意：地面排水的最小坡度为0.172°，残疾人轮椅坡道的极限坡度为8°，台阶坡度一般为12°，土坡自然倾斜角的极限坡度为30°。

（二）地形的分类

地形的起伏变化造就了不同的地形空间。根据不同地形的空间特点，地形可以分为平坦地形、凸地形、凹地形。基于不同地形空间塑造的景观效果是不一样的。

1. 平坦地形

平坦地形起伏变化不明显，看起来广阔无垠。这种类型的地形适用于建造主体建筑群，例如勒·诺特设计的维贡府邸，其主体建筑群布置在平坦的地形上，强调轴线对称，突出气势（见图2-6）。此外，设计师往往将平坦地形设计为草坪及广场，作为主要的人流活动场地或集散地，便于人们开展室外活动，如南通中央公园的大草坪（见图2-7）。

图2-6 维贡府邸

图2-7 南通中央公园的大草坪

2. 凸地形

凸地形的特点是地形呈凸起状，比周围地面高，视线开阔，空间具有延伸性。凸地形既可以作为观赏点，又可以作为被观赏点。一方面，在凸地形上建造观景平台，可以实现登高望远的效果；另一方面，得益于地形，高处的景物突出、明显，容易成为视觉的中心和焦点，因此设计师往往会在一定的高度或制高点建造亭子等建筑物作为观景点（见图2-8）。当高处的景物达到一定体量时，能对地形产生控制感，如颐和园的万寿山佛香阁（见图2-9）。

图2-8 承德避暑山庄南山积雪亭

图2-9 颐和园的万寿山佛香阁

3. 凹地形

凹地形的空间特征表现为封闭性和内倾性，能够聚集视线（见图2-10），减少外界干扰。因此凹地形可以作为优质的休憩和观演场所。其封闭的程度取决于凹地的绝对标高、脊线范围、坡面角，以及树木和建筑的高度（见图2-11）。

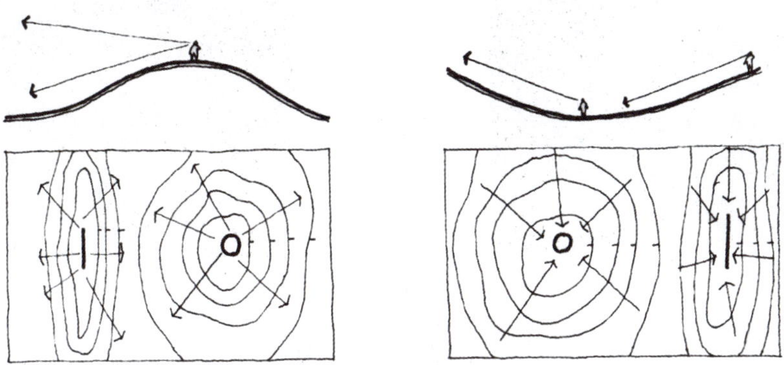

图2-10 凸地形和凹地形的视线比较

图2-11 山谷中的建筑成为视觉中心

（三）地形的功能

地形的功能是多方面的，不仅具有实用功能，还具有美学功能。

1. 实用功能

（1）作为景观的骨架

作为景观要素的载体，地形本身或平坦或起伏的地貌特征决定了景观构建形式的多样性，使得景观风格趋于多元化。例如，我国传统景观通过对自然界山水地形的模仿与写意进行空间建构和布局（见图2-12）；意大利台地园则依托丘陵的地貌特征，依山构筑景观（见图2-13）；法国勒·诺特式景观以平坦的地形为基地构建起轴线明确的规则式景观（见图2-14）；英国自然式风景园则充分利用场地中的草地、河流等自然景观元素（见图2-15）。

图2-12　苏州网师园

图2-13　意大利台地园兰特庄园

图2-14　法国凡尔赛宫

图2-15　英国自然式风景园

（2）排水

在景观设计中，地形除了作为景观要素的载体外，还有另一个不可忽视的实用功能——排水（见图2-16）。排水的效果与坡度有直接关系。一般来说，坡度小于1%（即水平方向每100m，垂直方向上升或下降1m）时，地形过于平坦，不利于排水（见图2-17）；坡度为1%～5%时，适合设计为活动空间，且排水良好（见图2-18）；坡度为6%～10%时，地形具有一定的起伏，排水较好，但不适合设计成范围较大的活动空间；坡度大于10%时，对排水有利，但地形过于陡峭，只能局部小范围地加以利用。在进行地形设计时，除了利用地形本身的条件进行有效排水外，还应避免因地形起伏过大或过于陡峭引起山体滑坡，进而导致泥石流（见图2-19）。

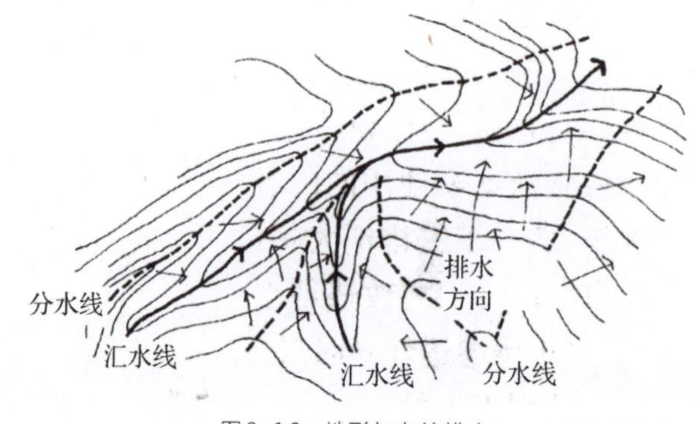

图2-16　地形与自然排水

图2-17　过于平坦不利于排水

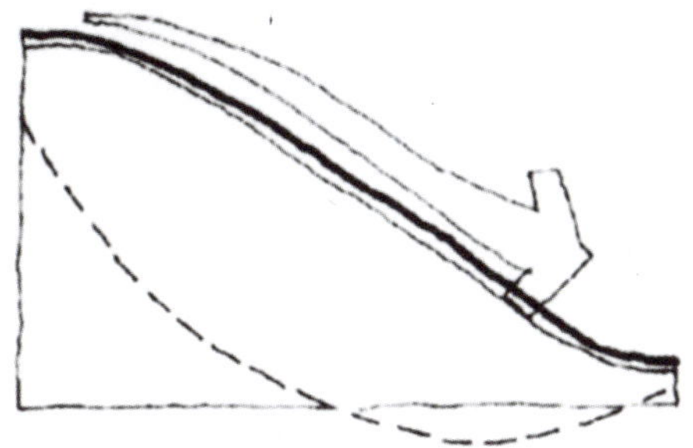

图2-18　有一定坡度利于排水

图2-19　坡度过大易引起山体滑坡

（3）分隔空间

进行景观设计时，可以通过两种方法将大空间分隔成不同的小空间。第1种方法是利用不同地形所表现出的不同空间特点进行分隔；第2种方法是人为搭建不同的地形，例如在场地中挖土形成凹地，或是在原有的基地上堆叠土方形成山体。将大空间分隔成小空间不仅可以满足不同的使用需求，还可以创造出丰富的空间效果（见图2-20和图2-21）。

图2-20　岛屿把西湖分成几个水面

图2-21　西湖鸟瞰

（4）引导空间

地形的起伏变化能够起到阻挡视线和分隔空间的作用。在景观设计中，利用地形对视线的遮挡或是对空间的分隔作用，不仅能够屏蔽不美观的景观、噪声、寒风等干扰因素，还可以引导人的视线或行为到景观较好的空间环境中（见图2-22）。对景观空间的遮挡与引导能够丰富空间层次（见图2-23），达到“步移景异”的效果。

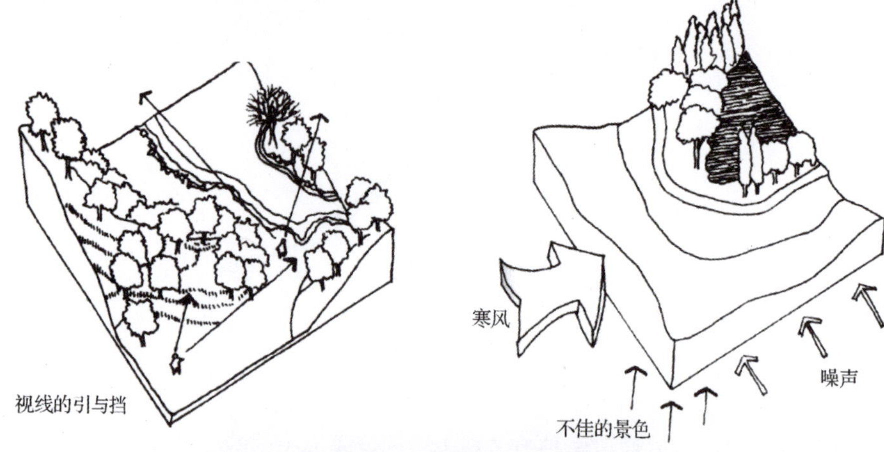

图2-22　利用地形引导空间

图2-23　法国某社区广场利用台阶丰富空间层次

2. 美学功能

（1）背景作用

将地形作为景物的背景，不仅能够对景物起到很好的渲染、衬托作用，还能增加景观的层次（见图2-24至图2-26）。

（2）造景作用

在传统景观设计中，地形更多是作为其他景观要素的依托，而在现代景观设计中，人工处理过的地形可以形成独特的、具有震撼力的视觉效果。不论是连绵的山丘、起伏的坡地，还是开阔的草坪，都能够形成独特的风景，从而发挥不同的造景作用（见图2-27至图2-31）。

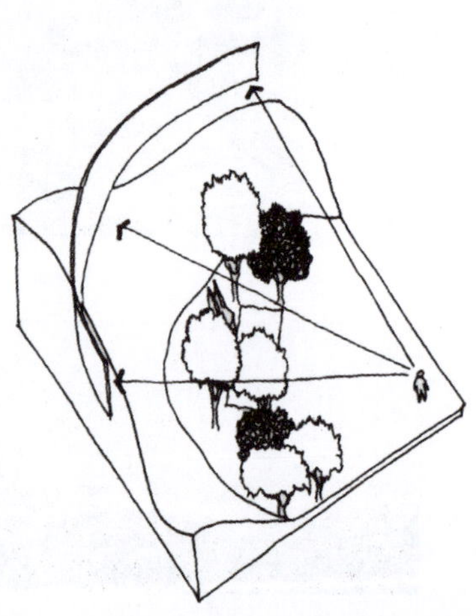

图2-24　地形作为背景

图2-25 以远处的鸣沙山作为背景的敦煌月牙泉

图2-26 可作为背景的地形

图2-27 地形造就的波纹效果

图2-28 地形造就的螺旋效果

图2-29 地形造就的凸起1

图2-30 地形造就的凸起2

图2-31 地形造就的现代画作

（四）地形利用的原则

地形设计应当以利用、保护为主，改造、修整为辅，应当尊重场地本身的地形特征，不能不顾经济性原则，盲目追求“叠山理水”的景观效果；同时，根据不同功能分区对地形的要求适当进行改造。此外，地形过陡、空间局促时可以设置挡土墙，利用挡土墙建造跌水或水墙等水景（见图2-32）。挡土墙还可以设计成景墙，突出设计主题，通过墙面的质感、色彩和光影效果丰富景观。

图2-32　狭小空间中利用挡土墙建造的水景

（五）地形的表现方法

1. 等高线法

等高线法是地形最基本的图示表示方法。它是以某个参照水平面为依据，用一系列等距离、假想的水平面切割地形，然后利用所获得的交线形成的水平投影图表示地形的方法。两条相邻等高线之间的垂直距离为等高距，水平投影图中相邻等高线之间的水平距离为等高线平距。地形等高线图（见图2-33）只有标注比例尺和等高距后才能解释地形。

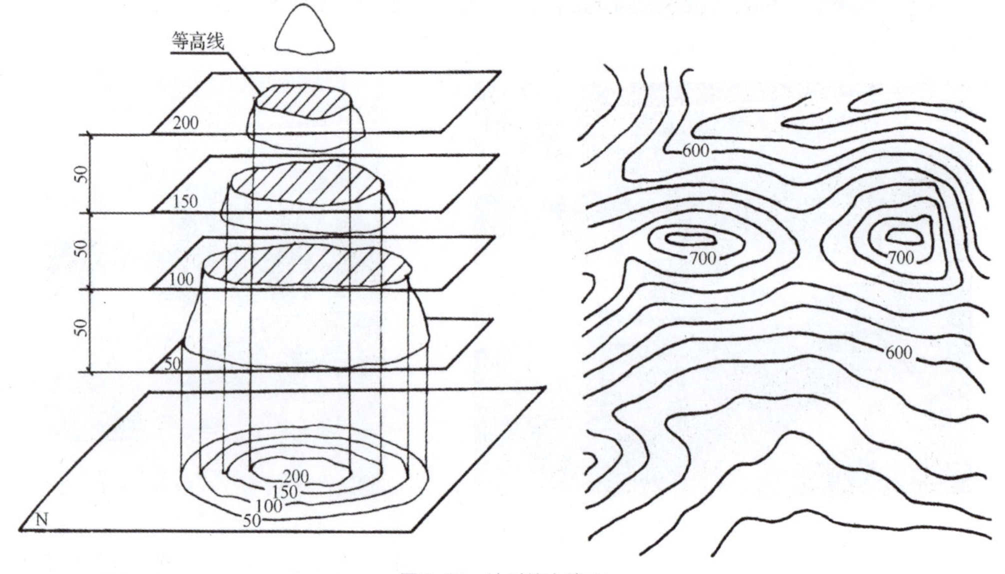

图2-33　地形等高线图

2. 坡级法

坡级法是指用坡度等级表示地形陡缓和分布的方法。这种方法比较直观，常用于基地现状分析及坡度分析。首先定出坡度等级，即根据拟定的坡度值范围，用坡度公式 $\alpha = (h/l) \times 100\%$，即坡度=（高程差 ÷ 水平距离）×100%，算出临界平距，划分出等高线平距范围；然后用标注好的硬纸片或直尺去量找相邻等高线间的所有临界平距位置；最后根据平距范围确定不同坡度范围内的坡面（见图2-34和图2-35），并用线条或色彩加以区分。常用的区分方法有影线法和单色或复色渲染法。

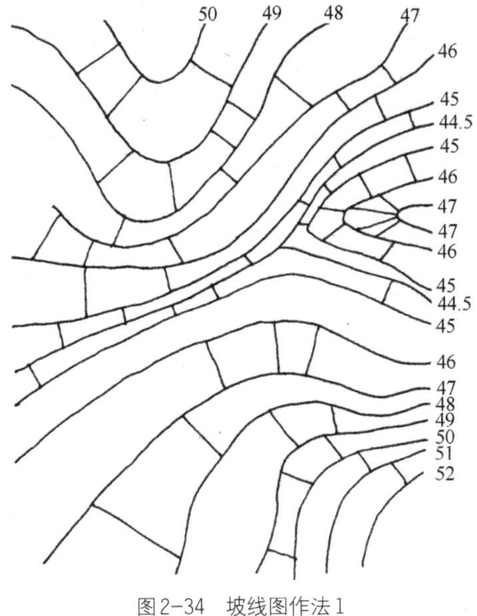

图2-34 坡线图作法1

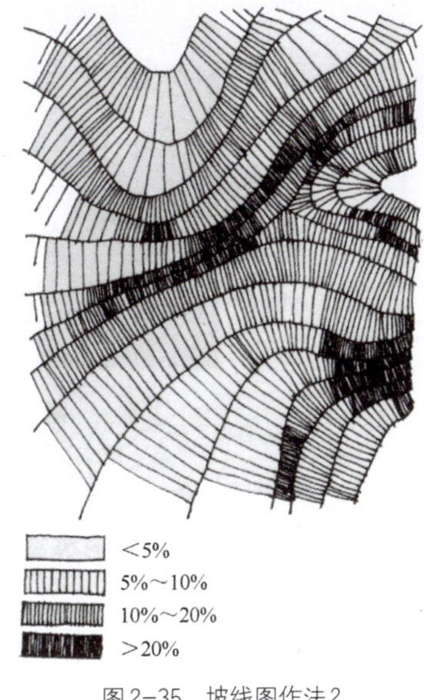

图2-35 坡线图作法2

3. 高程标注法

在地形图中，某些特殊地形点用十字或圆点标记，标记旁会标注上该点的高程。这些点常处于等高线之间，标注建筑物转角、墙体和坡面的顶面及底面的高程、地形最高点及最低点高程等（见图2-36）。

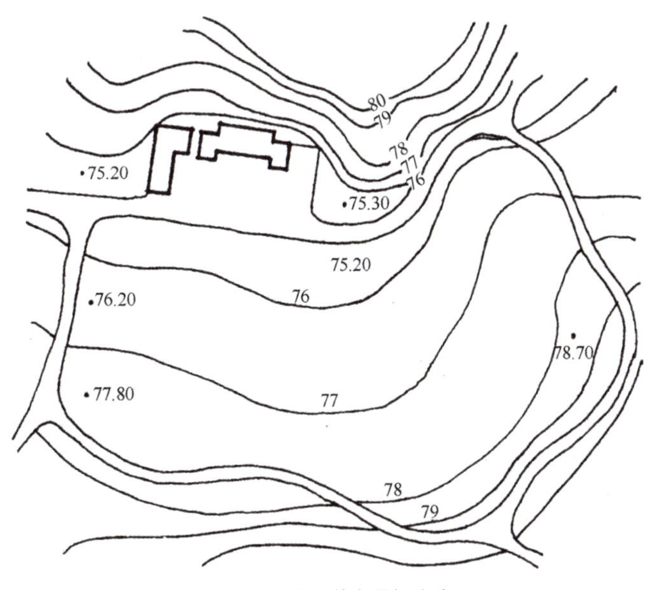

图2-36 地形的高程标注法

2.1.2 植物要素

在景观设计中，植物要素是极其重要的组成部分。它们不仅具有生态功能，还能美化环境、营造氛围，并与其他设计要素相互呼应，共同构成丰富多彩的景观空间。植物要素的应用需要充分考虑其生态习性、视觉效果以及与其他设计要素的协调性。对植物要素进行科学合理的运用，可以创造出既美观、实用又可持续发展的景观环境。

（一）景观植物的功能

1. 改善环境的功能

植物作为景观重要的构成要素之一，对改善环境有着重要的作用。植物可以净化空气、杀菌、吸收有毒气体、阻滞尘埃、调节空气湿度、减弱光照、降低噪声、保持水土。

2. 观赏功能

除了改善环境的功能，景观设计还注重植物的观赏功能以及植物对环境的美化装饰作用。景观植物种类繁多，每种植物都有自己独特的形态、色彩、味道、质感等，而这些特点又能随季节及年龄的变化而变化。通过了解不同植物的性质与状态，设计师能够更有效地进行植物的搭配组合。

（1）植物形态

乔木的树形为主干直立，有中央领导干，例如塔形（雪松）、圆锥形（水杉）、倒卵圆形（广玉兰），以及中央领导干不明显或主干直立但到一定高度就分枝的卵圆形（玉兰）、圆头形（国槐）、平顶伞形（合欢）、垂枝形（柳树、龙爪槐），部分乔木的树形见图2-37。

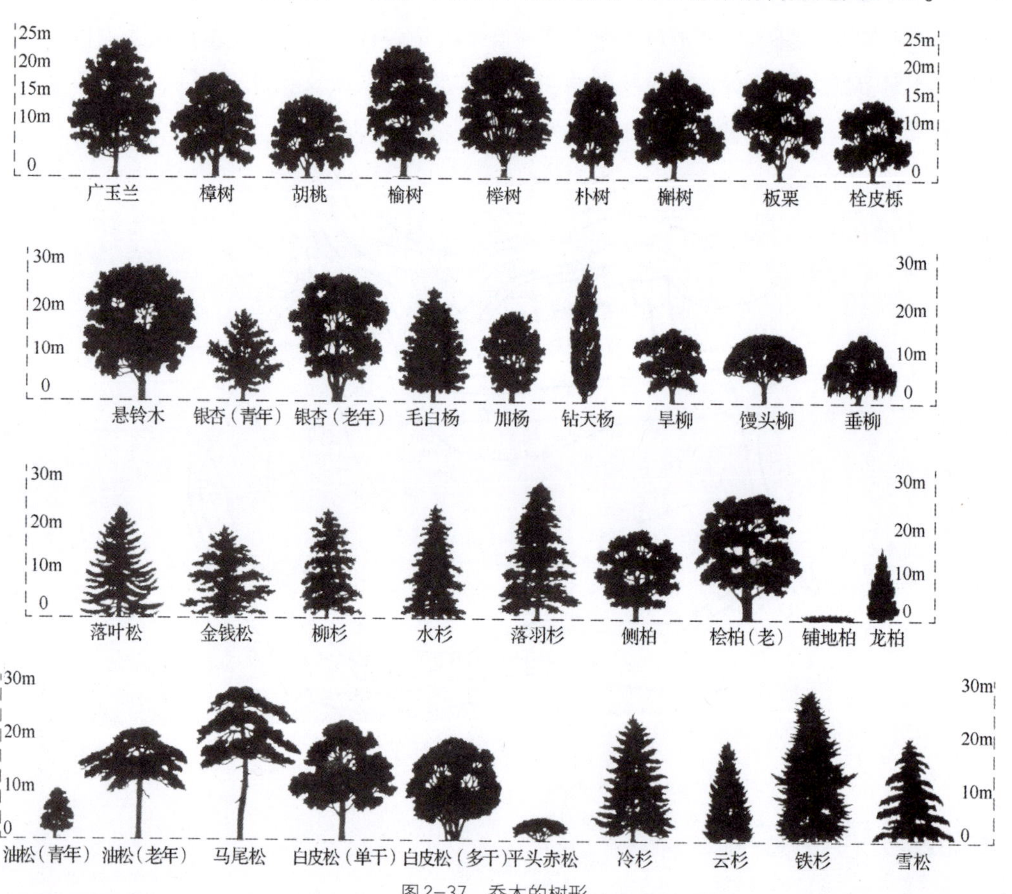

图2-37 乔木的树形

灌木的树形多为主干直立、丛生状，如球形（小叶黄杨）、卵形（木槿）、垂枝形（连翘）、匍匐形（铺地柏、迎春），部分灌木的树形见图2-38。

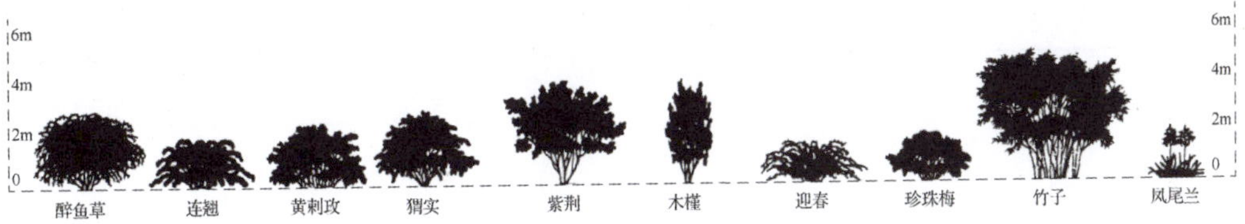

图2-38　灌木的树形

（2）植物色彩

植物的色彩最引人注目，给人的感受也最为深刻。植物色彩的作用多种多样，其中之一就是赋予环境以性格。例如，红色的植物激发人的热情和活力，粉色的植物给人以爱和关怀，黄色的植物则因其明亮的色彩给人以快乐和希望（见图2-39至图2-44）。植物的色彩通过树叶、果实、花朵、枝干表现出来，不同的植物或是同一种植物在不同的季节会表现出不同的色彩（见表2-1）。

图2-39　扬州个园的红枫

图2-40　拙政园的夏景

图2-41　拙政园的冬景

图2-42　植物的色彩对比

图2-43　不同色彩的植物搭配

图2-44　梦幻的植物色彩

表2-1 植物的色彩

色系	特征	代表植物
红色系	叶色	春色叶：石楠、七叶树、臭椿、五角枫、山麻杆等
		秋色叶：漆树、黄连木、盐肤木、火炬树、花楸、乌桕、元宝枫、茶条槭、枫香、黄栌、鸡爪槭、山楂、南天竹、石楠、地锦、五叶地锦、小檗等
	花色	贴梗海棠、榆叶梅、桃、山桃、李、梅、樱花、合欢、木瓜、木槿、紫薇、红花檵木、蔷薇、月季、石榴、山茶、杜鹃、牡丹、锦带花、红花夹竹桃、木棉、扶桑、郁金香、锦葵、芍药、美人蕉、大丽花、石竹、一串红、四季秋海棠、雏菊、凤尾鸡冠等
	果实	山楂、天山花楸、石榴、天目琼花、山茱萸、卫矛、大叶黄杨、小檗类、水枸子、平枝枸子、枸杞、火棘、樱桃、金银木、南天竹、桃叶珊瑚、珊瑚树、紫金牛等
黄色系	叶色	银杏、洋白蜡、无患子、栾树、麻栎、栓皮栎、乌桕、元宝枫、水杉、金钱松、白桦等
	花色	栾树、蜡梅、染料木、连翘、迎春、金钟花、蜡瓣花、锦鸡儿、香茶藨子、山茱萸、金丝桃、金老梅、金缕梅、黄蝉、黄杜鹃、大丽花、金盏菊、向日葵、金莲花、一枝黄花、大花萱草、黄菖蒲、菊花等
	果实	银杏、梅、杏、梨、佛手、木瓜、柚子、沙棘、枇杷、芒果等
白色系	花色	白玉兰、流苏、刺槐、鹅掌柴、楤木、灯台树、马醉木、白丁香、白檀、接骨木、糯米条、溲疏、山楂、李、白花山桃、白花山碧桃、天目琼花、木本绣球、香荚蒾、欧洲荚蒾、山梅花、木天蓼、照山白、珍珠梅、梨、杜梨、绣线菊属、白兰、海桐、洋蒲桃、白千层、珍珠花、笑靥花、风箱果、白鹃梅、太平花、照山白杜鹃、白玉棠、多花枸子、八角金盘、茉莉、红瑞木、金银木、丝兰、鸡麻、霞草、玉簪、晚香玉等
	枝干	白桦、垂枝桦、白皮松、银白杨、毛白杨、新疆杨等
蓝色系	花色	飞燕草、乌头、风信子、耧斗菜、马蔺、八仙花、鸢尾、蓝花楹、婆婆纳等
	果实	海州常山、十大功劳等

（3）植物香味

在景观设计中，除了植物的形态和色彩，香味也是植物的重要组成部分。不同的香味能够给人不同的心理感受。植物的香味包括叶香、花香、果香、根香等。利用不同植物在不同季节的香味，能够营造美好的环境（见图2-45和图2-46）。

图2-45 鲜红的梅花

图2-46 艳丽的紫丁香

（4）植物质感

植物的质感是植物可见或可触的表面性质，表现为植物的软硬、轻重、粗细、冷暖等特性，是植物重要的观赏特性之一。植物的质感不同，给人的心理感受也不同（见图2-47和图2-48）。例如，纸质、膜质叶片呈半透明状，给人以恬静之感；革质叶片较厚、颜色较深，有较强的反光能力，因而给人光影闪烁之感；粗糙多毛的叶片则给人以粗犷的感觉。此外，同一植物的质感也会随着季节的更替而变化（见图2-49）。充分利用植物的质感，配合不同的园景，可以产生不同的美学效果。

图2-47　不同质感的植物

图2-48　树干的质感

图2-49　落叶乔木雪后的质感

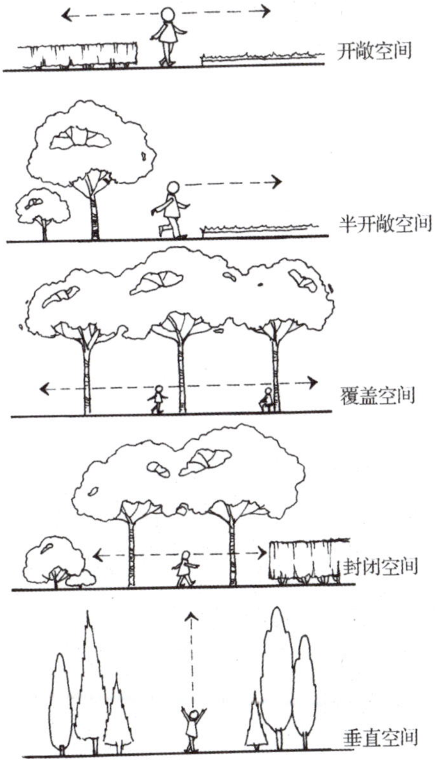

图2-50　利用不同的植物塑造不同的空间

3. 塑造空间

在景观设计中，利用植物树冠的大小、枝叶的疏密、树干的高低，能够有效地分隔、组织、塑造空间，并且利用不同类型植物的搭配组合，可以形成不同的空间形式（见图2-50）。

（1）开敞空间

开敞空间是由地被植物或地被植物与低矮灌木结合形成的空间（见图2-51和图2-52）。此类空间的特点是开阔、外向、视野良好，缺点是没有私密性。

图2-51　灌木与花坛等构筑物围合空间

图2-52　深圳漩花园中丰富的植物围合空间

（2）半开敞空间

半开敞空间的一面或多面由较高的灌木或乔木围合而成，其他面由地被植物或低矮灌木构成（见图2-53和图2-54）。这种空间开敞度相对较小，带有一定的方向性和隐蔽性。

图2-53　植物种植于河道一侧形成的半开敞空间

图2-54　道路一侧浓密绿化带形成的半开敞空间

（3）覆盖空间

覆盖空间是由分支点较高、树冠较浓密的灌木或乔木构成的顶部覆盖、四周开敞的密林或树阵型空间（见图2-55）。这种空间四周的视野开阔，被覆盖的顶部能够起到很好的遮阴作用。

（4）封闭空间

封闭空间是由灌木、乔木组合形成的周围及顶部都封闭的空间（见图2-56）。这种空间能够起到很好的隔离作用，空间私密性较强，缺点是视线不开敞、光线不充足。

图2-55　树阵形成的覆盖空间

图2-56　树冠浓密的乔木形成的局部封闭空间

（5）垂直空间

垂直空间是由树形高大、枝叶浓密的乔木或灌木形成的四周垂直封闭、顶部开敞的空间（见图2-57和图2-58）。这种空间能够控制视线的方向，从而起到引导空间的作用。

图2-57 列植的植物形成的垂直空间

图2-58 高大的草本植物形成的垂直空间

（二）景观植物的分类

根据景观植物的形态特点，植物可以分为以下几个类型。

1. 乔木

乔木体形高大、主干明显、分枝点高、寿命较长。乔木的树形是主要的观赏点，一般作为景观的骨干树种，往往作为景观的主景，起主导作用（见图2-59至图2-61）。乔木又可以分为常绿乔木、落叶乔木。乔木根据高度还可以分为大乔木（20m以上）、中乔木（8～20m）、小乔木（8m以下）。

图2-59 日本柳杉

2. 灌木

灌木没有明显的主干，多呈丛生状态，2m以上为大灌木，1～2 m为中灌木，不足1 m为小灌木。灌木能营造令人感到亲切的空间（见图2-62），遮蔽不良的景观，或作为乔木和草坪的过渡（见图2-63）。灌木的线条、色彩、质地、形状和花是主要的观赏点，其中开花灌木的观赏价值最高、用途最广，多用于重点美化区域。

图2-60　银杏

图2-61　落羽杉

图2-62　规则式种植的灌木

图2-63　灌木作为林下植物起到过渡作用

3. 藤本植物

藤本植物指具有细长茎蔓，依附于其他物体才能攀缘上升的植物（见图2-64），常用于垂直绿化。

4. 竹类

竹类形态优美、叶片潇洒，具有很高的观赏价值和深厚的文化象征意义（见图2-65）。

图2-64　凌霄花

图2-65　竹子常和假山搭配造景

5. 花卉

花卉具有姿态优美、花色艳丽（见图2-66）、香味浓郁等特点，多为草本植物。花卉生命相对较短，在景观中多作为装饰或点缀（见图2-67），或结合硬质景观配置花坛、花境、花钵等（见图2-68），或形成自然的花丛、花带等。

图2-66 艳丽的八仙花

图2-67 色彩丰富的造型花坛

6. 草坪植物

草坪植物多为低矮匍匐茎或丛生型禾本科植物，生长速度快、覆盖能力强（见图2-69）。草坪植物为造景提供了基础和背景，可充分地展示空间及地形。

图2-68 自然风格的组合花境

图2-69 草坪植物形成的色带

（三）景观植物种植设计的原则

1. 整体优先

景观植物配置要遵循自然规律，利用城市所处的环境、地形地貌特征、自然景观、城市性质等进行科学建设或改建；充分研究和借鉴城市所处地带的自然植被类型、景观格局和特征特色，在科学合理的基础上，适当增加植物配置的艺术性、趣味性，使之具有人性化并令人产生亲近感。

2. 生态优先

在植物材料的选择和树种的搭配上，应尽量多选择和使用适合在当地生长的树种，以便创造出稳定的植物群落。合理配置植物，合适的才是最好的，这样才能取得最大的生态效益。

3. 可持续发展原则

以自然环境为出发点，按照生态学原理，在充分了解各植物种类的生物学、生态学特性的基础上，合理布局、科学搭配，使各种植物和谐共存、群落稳定发展，从而达到调节自然环境与城市环境关系的目的，在城市中实现社会、经济和环境的协调发展。

4. 文化原则

充分利用植物的文化象征意义进行景观植物的配置，形成具有城市特色的景观，使城市景观向蕴含人文内涵的高品质方向发展，使不断演变起伏的城市历史文化脉络在城市景观中得到体现。

（四）景观植物的种植方法

在进行植物种植时，种植方法可以根据种植风格选择，也可以根据种植形式选择。不同的种植方法能够造就不同的景观效果。

1. 根据种植风格选择

（1）规整式种植

规整式种植是将植物成行成列地排列，有时刻意修剪成某种几何图案。例如，灌木等距直线种植，可以修剪成绿篱饰边，也可以修剪成规整的图案，作为大面积平坦地的构图要素。规整式种植往往具有很强的装饰性，在西方古典景观及现代景观中都有广泛应用（见图2–70至图2–73）。

图2–70　西方古典园林的模纹花坛

图2–71　现代景观中灌木的规整式种植

图2–72　图案鲜明的造型植坛

图2–73　造型简约的规整绿化

（2）自然式种植

自然式种植注重植物本身的特性和特点，以及植物间或植物与环境间在生态和视觉上的和谐，体现了生态设计的基本思想。我国传统景观和英国自然式风景园常运用这种种植方法（见图2-74）。

图2-74 英国自然式风景园

（3）抽象图案式种植

抽象图案式种植将植物作为一种雕塑材料组织到整体构图之中，有时还单纯从构图角度对植物进行艺术加工，形成具有特殊效果的抽象图案，如布雷·马克斯的植物模纹设计（见图2-75）。

图2-75 布雷·马克斯设计的奥德特·芒太罗花园平面图

2. 根据种植形式选择

（1）孤植

孤植是以单株的形式种植树形高大雄伟或姿态优美、观赏价值高的乔木和灌木，作为景观空间的主景，尤其是在开阔的草坪、视线尽头、道路交叉点等容易成为视觉焦点的位置（见图2-76）。

（2）对植

对植是在主体建筑、主入口、桥头、广场等空间，两株树形优美、观赏性较强的树木左右对称地种植（见图2-77和图2-78）。

图2-76 布置于视线尽头的细叶羽毛枫

图2-77 主体建筑物前对植的古柏

图2-78　古镇桥头对植的香樟

（3）丛植

丛植是两株到十几株同种或异种乔木，或者乔木、灌木组合搭配种植的种植方法。丛植的基本形式有两株搭配、三株搭配、四株搭配、五株搭配（见图2-79至图2-85）。

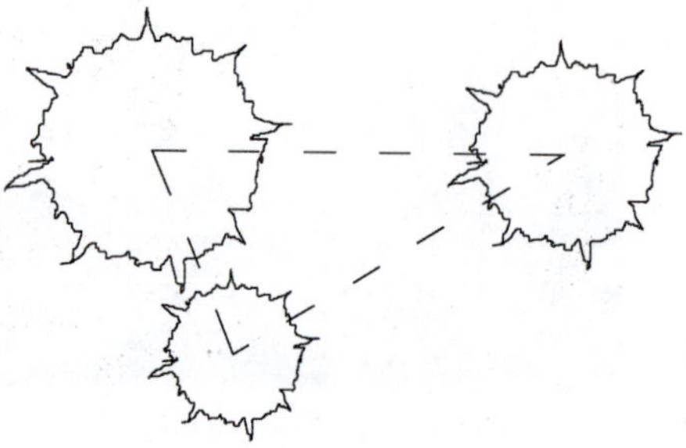

图2-79　三株搭配

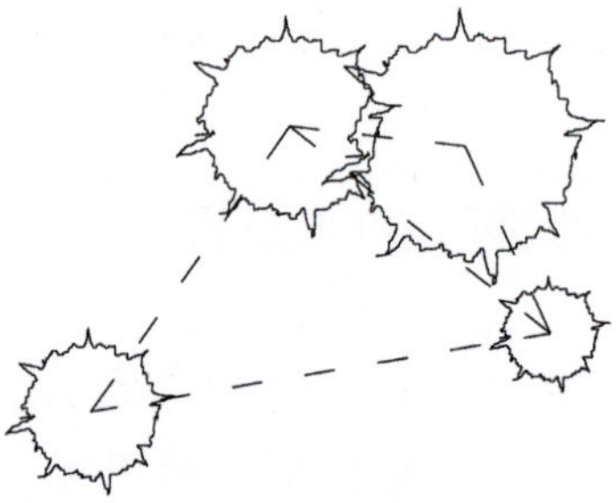

图2-80　四株搭配1

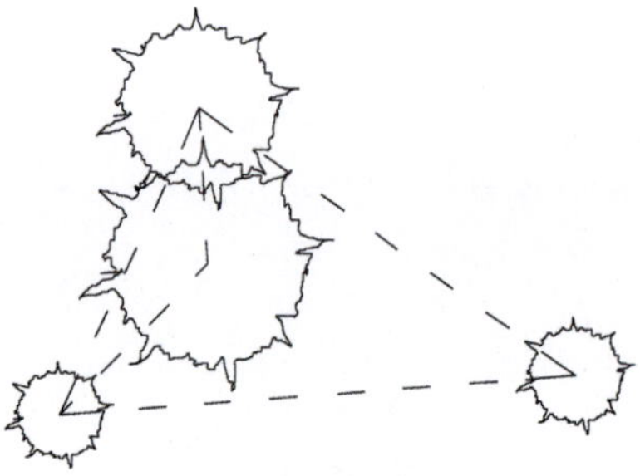

图2-81　四株搭配2

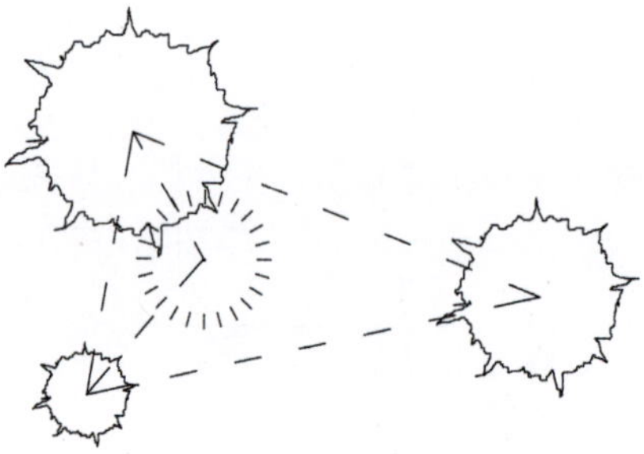

图2-82　四株搭配3

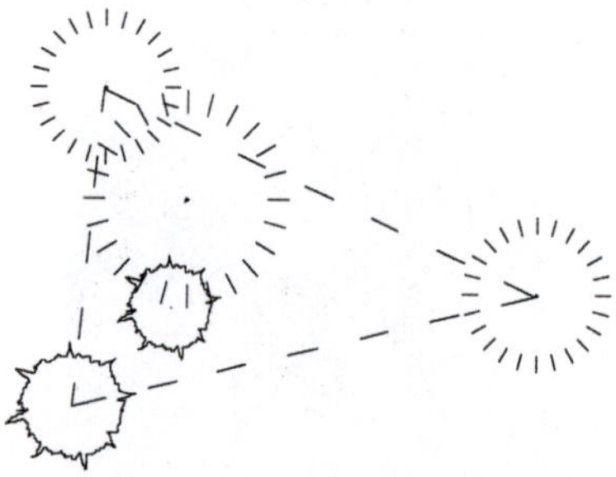

图2-83　五株搭配1

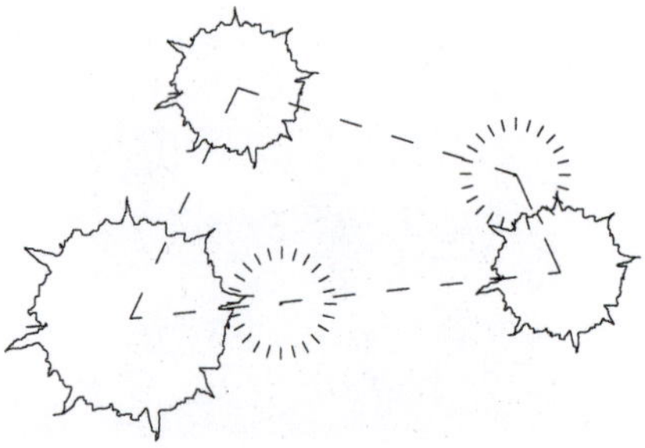

图2-84　五株搭配2

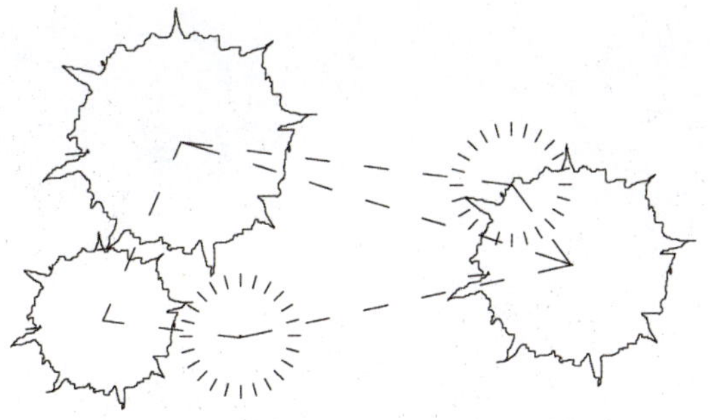

图2-85 五株搭配3

（4）群植

群植是指多株（一般为20～30株）乔木、灌木混合成群地种植。群植主要表现群体美，需注意构图（见图2-86），一般布置在有足够距离的开敞场地上，如靠近林缘的大草坪、宽广的林中空地、水中的小岛屿等。

图2-86 山林景观中典型的群植绿化

（5）列植

列植是指乔木、灌木按照一定的株行距成排成行地种植（见图2-87）。列植形成的景观比较单纯、整齐，气势宏大，例如行道树（见图2-88）。

图2-87 庭院中列植的乔木

图2-88 入口道路两侧列植的树木

（6）林植

凡成片、成块大量栽植乔木、灌木，以构成林地和森林景观的称为林植。林植可以分为密林和疏林（见图2-89）。

图2-89　山地上的疏林景观

（7）篱植

篱植是指灌木或小乔木以近距离的株行距密植，成单行或双行、结构紧密的规则形式（见图2-90至图2-92），也称为绿篱或绿墙。

图2-90　规整式篱植的灌木1

图2-91　规整式篱植的灌木2

图2-92　规整式篱植的灌木3

（五）景观植物的表现方式

在绘制景观平面、立面等相关图纸时，植物的表现方式有多种。

1. 景观植物平面的表现方式

进行景观绘图时，乔木、灌木等不同类型的植物需采用不同的表现方式，以获得不同的视觉效果。

（1）乔木的平面表现方式

① 轮廓型：只用线条勾勒出轮廓（见图2-93）。

② 分支型：用线条的组合表示树枝或树干的分杈情况（见图2-94）。

③ 写实型：用写实手法描绘树木的平面形态，重点表现树叶的特征（见图2-95）。

④ 立体型：为了增强植物的立体效果，在绘制平面树冠的基础上，在树木的背光面绘制投影（见图2-96）。

（2）灌木的平面表现方式（见图2-97）

（3）草坪及地被的平面表现方式（见图2-98）

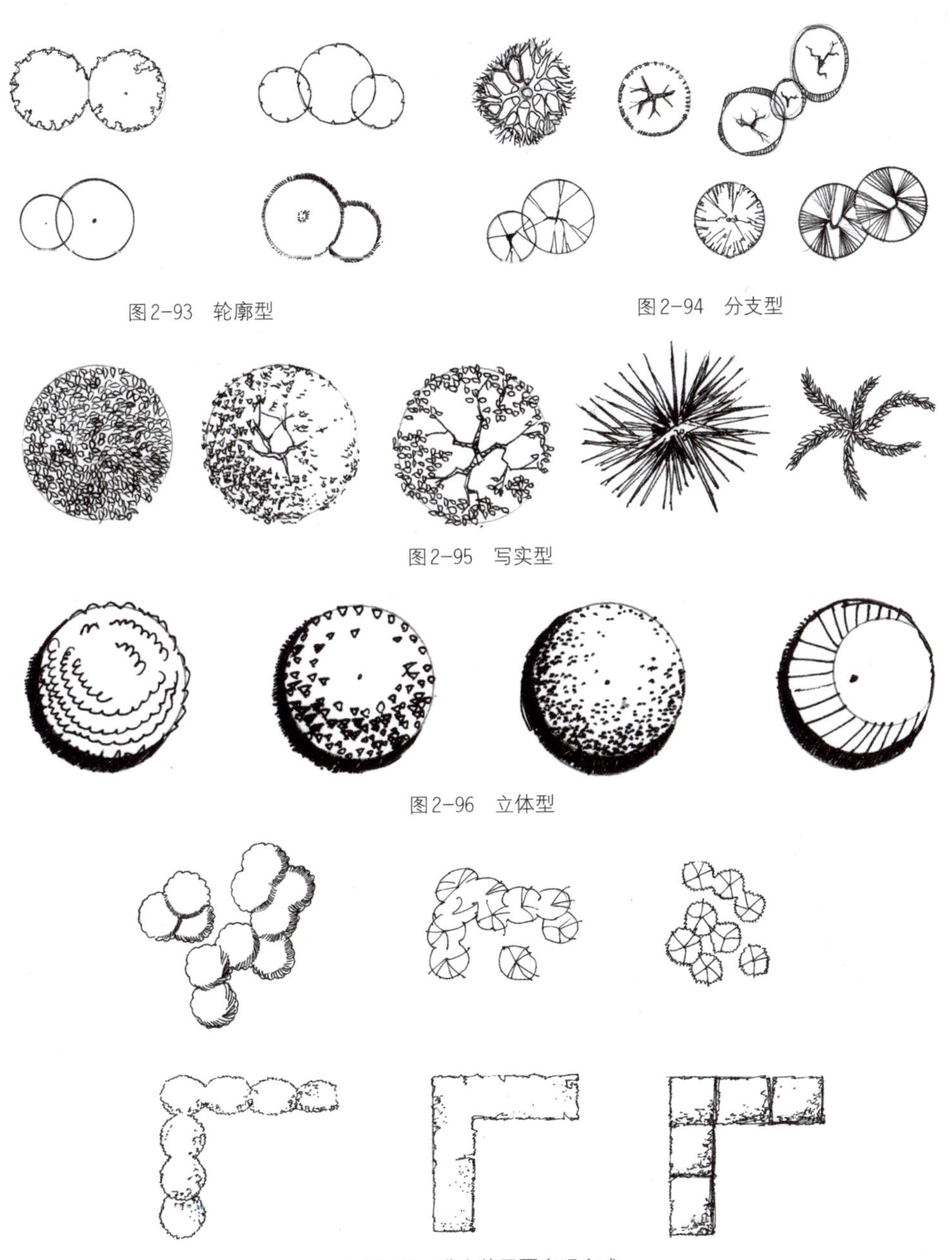

图2-93 轮廓型

图2-94 分支型

图2-95 写实型

图2-96 立体型

图2-97 灌木的平面表现方式

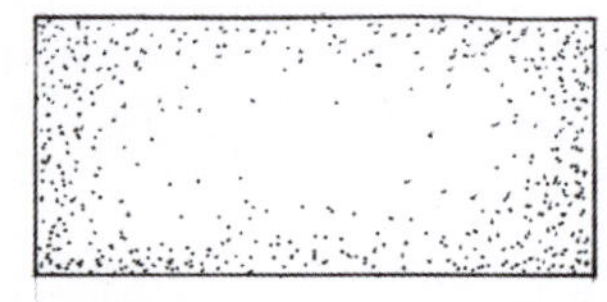
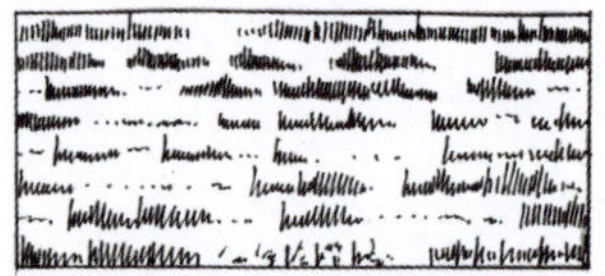
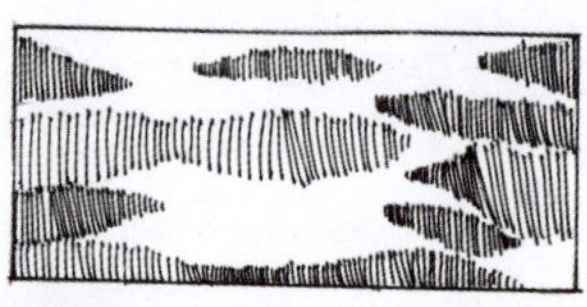

图2-98　草坪及地被的平面表现方式

2. 景观植物立面的表现方式

景观植物的立面表现方式如图2-99所示。

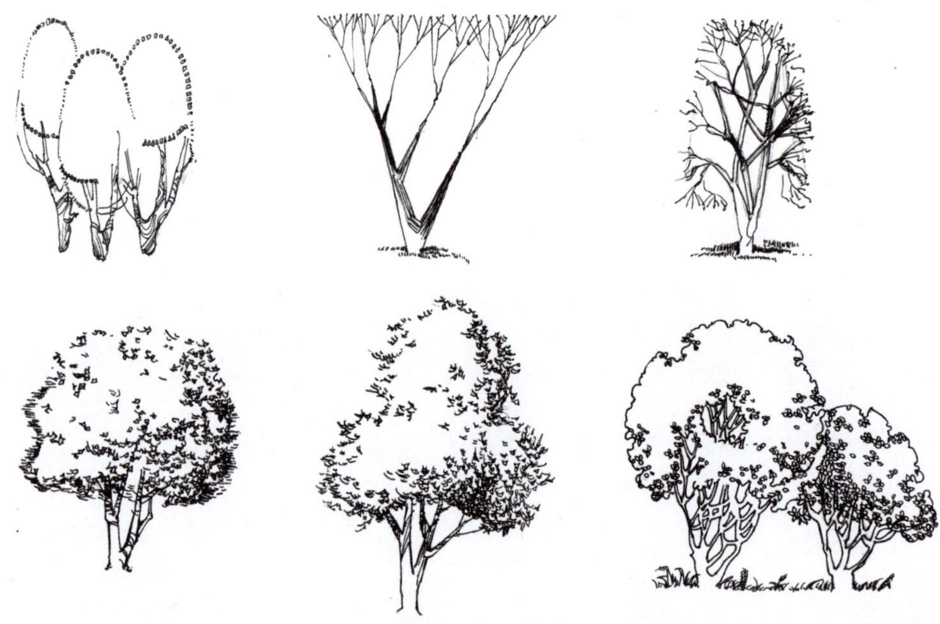

图2-99　景观植物的立面表现方式

2.1.3　水体要素

水象征着生命、流动和变化，代表着生生不息、源远流长的文化精神。在景观设计中，水体要素扮演着至关重要的角色。不同形态、功能的水体不仅能为空间增添动态和活力，还能营造出独特的氛围和视觉焦点。

（一）中西传统景观水体比较

“仁者乐山，智者乐水”，人类自古就有“亲水”的天性。在我国，不论是北方的皇家园林，还是江南的古典私家园林，大多将水作为必不可少的造园要素，是以“无水不成园”“园以水活”。

东西方景观都注重水的利用和水景的营造，但处理手法有所不同，这主要是东西方不同的文化所造就的。中国人崇尚自然，造园强调模山范水，取自然的局部之景，意在营造

"木欣欣以向荣，泉涓涓而始流"的生意盎然之景，追求"虽由人作，宛自天开"的意趣，最终实现"源于自然、高于自然"的审美境界（见图2-100）。日本的造园艺术受到中国造园艺术的影响，结合地理、植被以及山石水体的性状，形成了独特的庭院风格。例如，枯山水用矗立或平卧的石块代表山、岛、宇宙以象征永恒，用水纹状的白沙代表水（见图2-101）。西方造园则强调视觉感受，讲究格局和气势，处处显露出人工造景的痕迹（见图2-102）。西方景观大多规整，其水景也不例外，如笔直的水渠水道、几何形的水池、随处可见的各种喷泉（见图2-103）。

图2-100　苏州留园

图2-101　日本枯山水

图2-102　西方古典景观中的人工喷泉

图2-103　西方古典景观中的人工跌水

（二）水体的分类及景观特性

水体作为地球上重要的自然资源之一，不仅具有多种分类方式，还呈现出独特的景观特性，这些景观特性使得水体成为城市景观中不可或缺的要素之一。

1. 按水体的形态分类

（1）自然式水体

水体的边缘曲折多变，或为自然形成，或模拟自然界湖泊、河流的形态，呈现不规整的特征。自然式水体在传统景观中应用较多，例如中国传统景观、日本传统景观、英国传统的自然式风景园（见图2-104至图2-106）。在现代景观设计中，尺度较大的水体往往以自然式水体为主（见图2-107）。

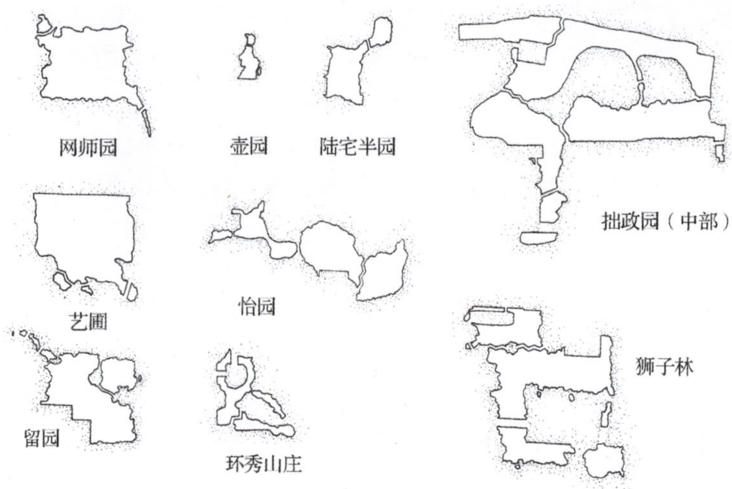

图2-104　苏州园林中的自然式水体平面图

图2-105　日本景观中的自然式水体

图2-106　英国自然式风景园斯托海德

图2-107　苏州金鸡湖开阔自然的水面

（2）规整式水体

水体边缘呈规整的几何形状，如矩形、圆形等。规整式水体在西方（如法国和意大利）传统景观中运用较多（见图2-108）。在现代景观设计中，尺度较小的水体往往以规整式水体为主（见图2-109）。

图2-108 法国凡尔赛宫的规整式水体

图2-109 现代景观中的水体

2. 按水的运动状态分类

（1）静态的水

静态的水面较为平静，肉眼几乎观察不到水的流动，如湖泊、池塘等。静态的水给人以宁静、悠远的心理感受。静态的水还能够很好地映射出周围景物的倒影，从而进一步烘托出安静、平和的空间氛围（见图2-110和图2-111）。

图2-110 深圳“天壤云影”利用平静的湖面映射出灯的倒影

图2-111 北京Cloud艺术中心的静水

（2）动态的水

动态的水给人以轻快、愉悦的心理感受，不仅能够营造出较为欢快、活泼的空间氛围，还能够很好地吸引人的注意力。动态的水形态非常丰富，例如有溪流、水坡、水道、水涧等流动的水（见图2-112和图2-113），瀑布、水帘、水墙等跌落的水（见图2-114至图2-117），以及各种类型的喷泉等喷涌的水（见图2-118至图2-121）。

图2-112 缓慢优雅的流水

图2-113 动感的流水

图2-114　富有质感的跌水

图2-115　潺潺流动自然的跌水

图2-116　形式感强的跌水

图2-117　独特造型的跌水

图2-118　喷泉形成的独特空间

图2-119　造型典雅的涌泉水景

图2-120 利用喷泉营造趣味空间

图2-121 喷雾型水景营造出的美好意境

（三）水体的作用

在景观设计中，水体扮演着多重角色，其作用丰富而多样。

1. 衬托作用

在景观中，当水面较大时（如湖泊），主要作为景观的基底，类似于背景，起到衬托的作用。例如杭州西湖，众多景观节点以水面为背景，水面起到了很好的衬托与统一作用。

2. 联系作用

当水面呈窄长的形态且较大时（如河流、某些湖泊），水体作为景点之间的纽带，起到联系的作用（见图2-122和图2-123），如拙政园（见图2-124）、桂林的两江四湖（见图2-125）。

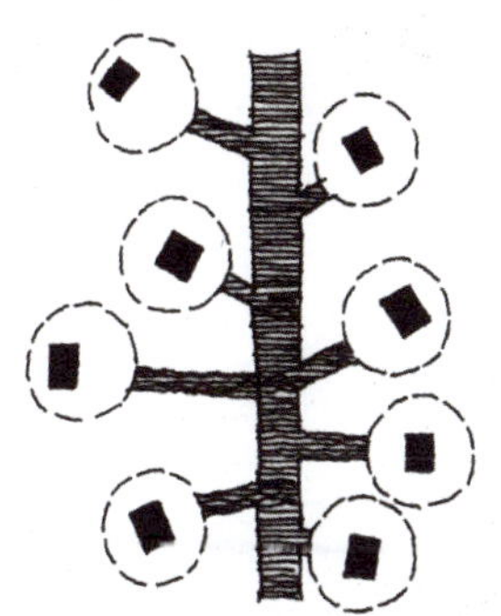

图2-122 线型水系的联系作用

图2-123 面型水系的联系作用

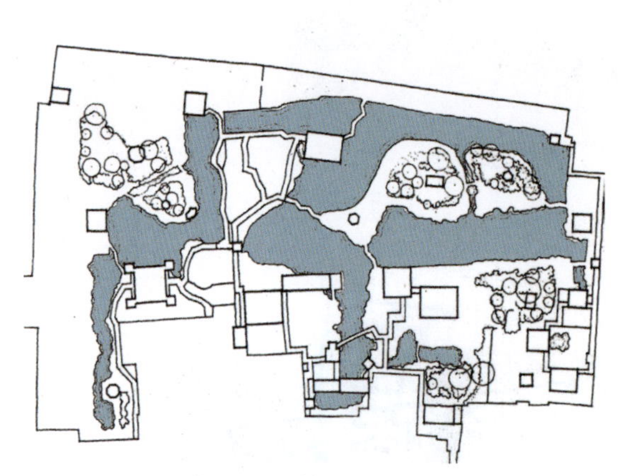

图2-124　拙政园平面图

图2-125　桂林两江四湖平面图

3. 焦点作用

在景观设计中，常常以小体量的水景（尤其是动态的水景）作为视觉中心，起到吸引视线的作用（见图2-126至图2-128）。

4. 实用功能

除了观赏功能外，水景还能为使用者提供洗手、戏水、泛舟、垂钓等实用功能，以满足不同的需求（见图2-129至图2-131）。

图2-126　索沃广场吸睛的水景小品

图2-127　苏州中航樾园内中心水景

图2-128　形式丰富的水景

图2-129　特色肌理的水景广场

图2-130 具有娱乐功能的水景设施

图2-131 公园的水景设施

（四）和水体相关的元素

1. 驳岸

驳岸是水体和陆地的过渡，具有防护堤岸、防洪泄洪的作用。按照形式的不同，驳岸可以分为以下两类。

（1）生态式驳岸

生态式驳岸是以自然的陆地边缘为主的驳岸（见图2-132），主要依靠植物、自然的山石或人工的木桩作为固定方式。这种驳岸有利于生物多样性的发展，但缺点是容易受到水流的冲击，导致水土难以保持。

图2-132 苏州太湖湿地公园的生态式驳岸

（2）人工式驳岸

人工式驳岸是以假山石或混凝土砌筑而成的驳岸，例如防洪堤（见图2-133）。这种驳岸能够根据使用需求砌筑成台阶式、假山石式等不同形式（见图2-134），但缺点是不利于生物多样性的发展。

图2-133　人工式驳岸

图2-134　苏州博物馆的人工式驳岸

2. 堤坝

堤坝用于分隔河道或湖面，将水面分割成几个部分。它既能起到通道的作用，又能形成观景平台，使人能够亲近水体，例如杭州西湖的苏堤、白堤，苏州金鸡湖的李公堤等。

（五）水体的表现方式

1. 线条法

线条法是以线条布满整个水面，线条可以是直线、曲线或波纹，可以局部留白，或者只局部画线条（见图2-135）。

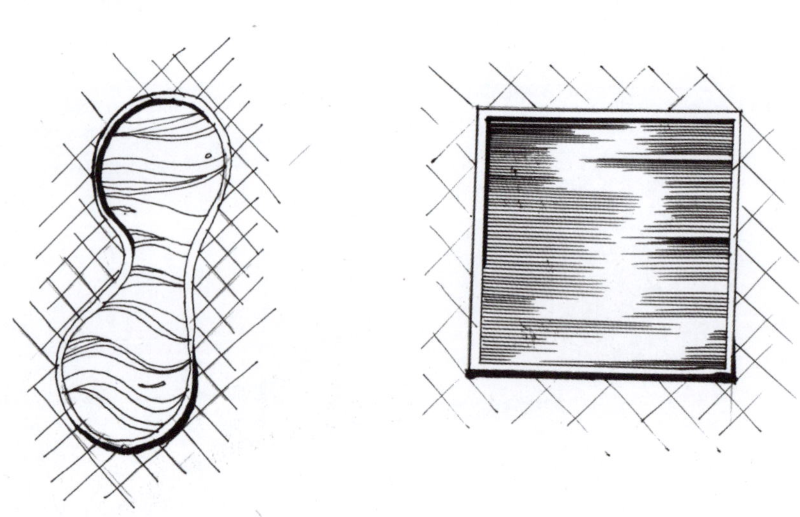

图2-135　线条法

2. 等深线法

等深线法常用于表现不规则水面。在靠近岸线的水面，依照岸线的曲折绘制两三根类似等高线的闭合曲线，这些曲线称为等深线。

3. 渲染法

渲染法是指用色彩渲染水面的方法（见图2-136）。

图2-136　等深线法和渲染法的结合

4. 添景法

添景法是利用与水面相关的元素来表现水面，如水生植物、船只、驳岸和码头、水纹等。

2.1.4　景观小品

景观小品是指那些体量小巧、功能简单、造型别致、富有情趣的精美构筑物，如休息椅、路灯、亭子、廊架、雕塑等。作为具有较高使用价值和观赏价值的景观要素，景观小品形式丰富、类型多样，是景观不可或缺的部分。

（一）景观小品的特性

景观小品既能满足具体的使用需求，又具有一定的装饰作用。

1. 功能性

功能性是景观小品的基本特性。大多数景观小品具有实际的使用功能，以满足不同的使用需求。例如，亭子、廊架、休息椅可供人休息、观景，路灯能够照明，导示牌可以指引方向，活动设施能够满足人们健身的需求。

2. 艺术性

景观小品的艺术性是指景观小品的造型设计新颖独特，能够提高整个环境的艺术品质，起到画龙点睛的作用；同时，景观小品的艺术风格与整个景观契合，相得益彰。

（二）景观小品的分类

景观小品根据其具体特性可以分为三大类：建筑小品、设施小品、雕塑小品。

1. 建筑小品

建筑小品是指景观中具有建筑性质的景观小品，是建筑在室外环境中的延伸，包括亭子、廊架、景墙、园桥等。这些景观小品一般体量较大、造型优美，往往作为景观的视觉中心。

（1）亭子

《释名》中说："亭者，停也。人所停集也。"可见亭子是休憩的地方。但亭子不仅是休憩凭眺之处，它也是景观重要的点缀，往往以玲珑典雅、空透轻巧的造型成为景观的中心。

① 仿古式亭子。

仿古式亭子是指模仿中西方传统亭子的造型设计的亭子。按照平面形式的不同，仿古式亭子又可以分为三角亭、四角亭、六角亭、八角亭、圆亭、扇形亭、双亭、半亭等（见图2-137）。

② 现代式亭子。

由于科技的进步以及材料的多样化，亭子被赋予了更多的现代元素，形式更多样，材料也更丰富（见图2-138和图2-139）。

图2-137　四角亭

图2-138　简约现代风格的亭子

图2-139　形式新颖的休息亭

（2）廊架

廊架是"廊"和"架"的统称。两者形态相似，都由基础结构、柱子、顶面构成。此外，两者功能也接近，都兼具休憩的使用功能及艺术性。在中国古典景观中，廊是重要的组成部分，是景观中的线性建筑物，有直廊、曲廊、回廊。在现代景观中，廊的构筑材料和形式都产生了新的变化，例如出现了木材、金属、竹子等材料的廊（见图2-140至图2-142）。

图2-140　植物攀爬廊

图2-141　不锈钢廊

“架”一般指花架。现代景观中的“架”除了具备花架功能，还兼具休息功能及艺术性（见图2-143）。花架的造型有通道式、单排柱式、单柱式等，使用的材料有竹子、金属、砖石、木材等。

图2-142 金属廊

图2-143 趣味型“架”

（3）园桥

景观中的桥可以联系风景点的水陆交通，组织游览线路，变换观赏视线，点缀水景，增加水面层次，兼有交通和艺术欣赏的双重作用。园桥在造园艺术上的价值往往超过其交通功能（见图2-144）。

图2-144 园桥成为造景的元素之一

① 平桥。

平桥外形简单，有直线形和曲折形（见图2-145至图2-149），结构有梁式和板式。板式桥适用于较小的跨度，跨度较大的就需设置桥墩或柱，上安木梁或石梁，梁上铺桥面板。曲折形的平桥是中国景观所特有的，不论三折、五折、七折、九折，通称“九曲桥”，其作用不在于便利交通，而在于延长游览行程和时间，以扩大空间感，在曲折中变换游览者观景的角度，做到“步移景异”。

图2-145 园林中的平桥

图2-146 苏州博物馆庭院中的平桥

图2-147 小巧的平桥

图2-148 园林中的曲桥

图2-149 现代造型的平桥

② 拱桥。

拱桥造型优美、曲线圆润、富有动感，分为单拱桥、多拱桥（见图2-150至图2-153）。单拱桥有北京颐和园的玉带桥，拱券呈抛物线形，桥身用汉白玉，桥形如垂虹卧波。多孔拱桥适用于跨度较大的宽广水面，常见的多为三孔、五孔、七孔。例如，著名的颐和园十七孔桥长约150m，宽约6.6m，连接南湖岛，丰富了昆明湖的层次，成为万寿山的对景。

③ 亭桥或廊桥。

加建亭廊的桥称为亭桥或廊桥，既可供游人遮风避雨，又增加了桥的形体变化。例如扬州瘦西湖的五亭桥（见图2-154），多孔交错，亭廊结合，形式别致。廊桥有的与两岸建筑或廊相连，如苏州拙政园“小飞虹”（见图2-155）；有的独立设廊，如桂林七星岩前的花桥。苏州留园曲溪楼前的一座曲桥上覆盖紫藤花架，成为别具一格的“绿廊桥”。

图2-150 园林中的景观拱桥

图2-151 小巧精致的拱桥

图2-152 优雅的拱桥

图2-153 颐和园十七孔桥

图2-154 瘦西湖五亭桥

图2-155 拙政园“小飞虹”

在景观中，桥的布置与景观的总体布局、道路系统、水体面积占全园面积的比例、水面的分隔或聚合等密切相关。园桥的位置和体型要与景观相协调。大水面架桥，又位于主要建筑附近的，应以宏伟壮丽为主，重视桥的体型和细部的表现；小水面架桥，则以轻盈质朴为主，减小体型。在水面宽广或水流湍急的水面上架桥时，应设置较高的栏杆；在水面狭窄或水流平缓的水面上架桥时，桥面应贴近水面，栏杆应低矮。水面和桥面接近时，适合将桥设计为平桥，人在通过桥面时会有凌波信步之感；在沟壑断崖上架桥，能显示山势的险峻。如果水体清澈明净，桥的轮廓需考虑倒影；如果地形平坦，桥的轮廓宜有起伏，以增加景观的变化。此外，还要考虑人、车和水上交通对园桥的要求。

2. 设施小品

设施小品是指为人们提供休息、导向、照明等便民服务的小型景观小品（见图2-156至图2-161）。

（1）休息设施：座椅、石凳、桌子、遮阳伞等。

（2）导向设施：指示牌、路标、告示牌、标志、消防和无障碍设施等。

（3）保洁设施：公厕、垃圾箱、洗手器、烟蒂箱、饮水器等。

（4）信息设施：电话亭、报栏、广告栏、邮筒、橱窗、商报亭等。

（5）交通设施：公交车站、路障、自行车停车器、防护栏、窨井盖、信号灯等。

（6）照明设施：路灯、草坪灯、地灯等。

图2-156　造型独特的休息椅

图2-157　具有艺术感的休息椅

图2-158　导向设施

图2-159　古典造型的垃圾桶

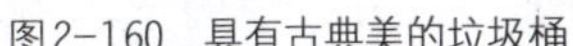

图2-160　具有古典美的垃圾桶

图2-161　特色照明灯

3. 雕塑小品

雕塑小品在景观设计中起着非常重要的装饰作用，往往是环境中的点睛之笔，能够吸引视线、积聚人流。

（1）雕塑小品的分类

雕塑小品一般可分为纪念性雕塑小品、主题性雕塑小品等。

纪念性雕塑小品主要是将历史人物、历史事件以雕塑墙及雕塑小品的形式表现（见图2-162和图2-163），以达到纪念、教育、宣传的目的。

图2-162　同济大学毛主席纪念雕塑

图2-163　反战纪念雕塑

主题性雕塑小品是指通过雕塑小品在特定环境中揭示某些主题。一般环境无法或不易具体表达某些思想，主题性雕塑小品能够很好地解决这个问题（见图2-164至图2-167）。主题性雕塑小品最重要的是选题要贴切，一般采用写实手法。

（2）雕塑小品的材料

材料具有肌理、质感，如软硬、粗细、轻重等。不同的材料具有不同的视觉及心理效果，会影响雕塑的艺术效果。合理利用材料的肌理、质感，使之达到视觉及心理的最佳效果是雕塑小品设计的关键。雕塑小品运用的材料主要有木材、石材、金属（铜、不锈钢、铁）、砖、混凝土等（见图2-168至图2-172）。

图2-164 伦敦街头主题雕塑“王与后”

图2-165 主题雕塑“垂直的‘她’使我们停驻”

图2-166 运动主题雕塑

图2-167 象征古代战车的纪念雕塑

图2-168 庭院景观雕塑

图2-169　不锈钢雕塑亭

图2-170　广东罗浮净土基建工程兵拓荒牛主题纪念雕塑

图2-171　具有互动功能的雕塑小品

图2-172　公园中的雕塑艺术作品

2.2　景观空间分析

景观的空间概念来源于建筑设计中的空间概念，但有所不同。在景观设计中，地形、植物、水体、道路、铺装、建筑小品等“地面”“墙面”“顶面”限定要素相互交织、相互作用，共同构成了景观空间的独特魅力与特色。景观空间有多种类型，形态也多种多样，在设计时，需要充分考虑这些“地面”“墙面”“顶面”限定要素的特点和相互关系，以创造出符合人们需求、具有美感和生态价值的景观空间。

2.2.1　景观空间的限定要素及相关内容

在景观设计中，空间由不同的景观设计要素来限定和营造，从而塑造出开敞空间、半开敞空间、覆盖空间和封闭空间等不同性质和特点的空间类型。空间类型不同，景观的尺度感、空间感都是不一样的。因此，在景观设计中，需要充分考虑这些空间限定要素的特点和规律，以创造出符合人们需求和期望的景观环境。

1. 景观空间及其限定要素

从空间的角度来看，景观空间的形态、尺度、空间感与“地面”“墙面”“顶面”这些空间限定要素息息相关。

（1）景观空间的基本概念

什么是景观空间？从建筑学的角度来看，无论城市还是建筑，其实用部分主要在于空间。基于此，景观空间是一个与实体相对应的概念，是由线、面、体划分或围合而成的虚体。一般意义上的几何空间（即物理空间）是指由“地面”（底平面）、“墙面”（垂直面）和“顶面”（顶平面）单独或共同组合成的具有明确或暗示性围合的空间，其形态从开敞到封闭有无穷多种可能。

如果把景观空间看作容纳人活动的“容器”，那么景观空间需要满足以下3个方面的要求。

①“量”的要求——合适的尺度。

②“形”的要求——合适的形状。

③“质”的要求——合适的氛围。

不同的活动需要不同性质（量、形、质）的空间，不同性质的空间也会催生不同的活动，空间的功能和空间的形式是相互影响的。

（2）景观的空间限定要素

芦原义信在《外部空间设计》一书中对空间类型进行分类时，指出了空间限定的三要素。

①“地”——地面或水平要素。

②“墙”——墙面或垂直要素（见图2-173）。

③“顶”——顶面（见图2-174）。

其中，“地”“顶”是限定景观空间的水平要素，“墙”是限定景观空间的垂直要素。

芦原义信认为，不同类型的空间，其限定要素是不同的。建筑空间的限定要素为上述三要素，而景观空间的限定要素则主要为“地”和“墙”。丰富多彩的景观空间需要这些要素巧妙组合而形成，设计师应当有意识地运用不同的空间限定要素来塑造公众所需的多样化空间。

图2-173 “墙”限定出的空间

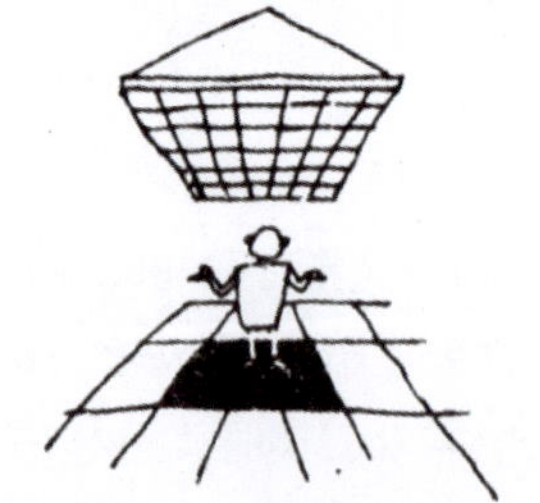

图2-174 “顶”限定出的空间

2. 景观的空间分类

（1）按封闭程度不同分类

按空间封闭程度的不同，空间可以分为开放式空间、半开放式空间和封闭式空间3

种。开放式空间围合度较低，特征为“泄气的、敞露的、空透的”，遮蔽物较少，视线良好。半开放式空间为两面围合、两面开敞的空间，呈“=”或“L”形态，具有一定的方向性和私密性。封闭式空间围合度较高，表现为“聚集的、向心的、围合的”，私密性较强。

（2）按边界形态分类

芦原义信认为，自然是无限延伸的离心空间，这种空间被称为“消极空间”；而从边框向内建立起向心秩序的空间则是“积极空间”。

（3）根据空间的表现特征分类

根据空间表现出的特征，在外环境中，空间可以分为容积空间和立体空间。容积空间的基本特征是空间围合度较高、封闭性强，空间是静态的、向心的、内聚的，空间中墙和地的特征比较突出。随着垂直要素的减少或通透度的增加，空间封闭性逐渐减弱，空间的容积特征也逐渐减弱（见图2-175）。立体空间的基本特征是填充性强，空间层次丰富，具有流动和散漫的特征。

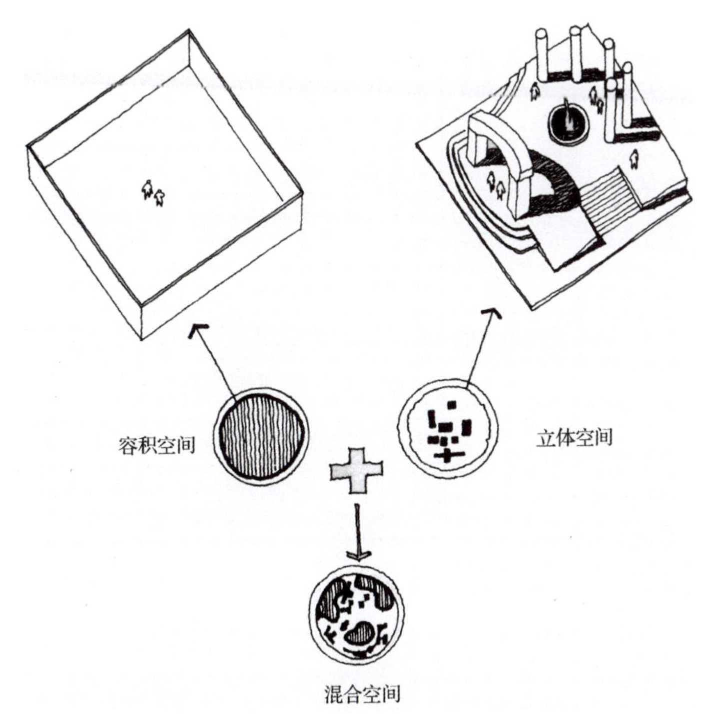

图2-175 容积空间和立体空间相融合的混合空间

（4）根据人的使用分类

根据人的使用（活动），空间可以分为运动空间和停滞空间。运动空间用于散步、游戏或其他集体活动等。其场地要求开敞、平整，地形起伏不要太大。停滞空间用于静坐、眺望景色、读书看报、等人、交谈、恋爱、合唱、讨论、演说、集会、仪式、野餐、饮水、洗手等活动。停滞空间用于静坐、眺望景色时，应当相应地在空间中设置长椅、绿荫、照明灯具和风景点等；用于合唱、讨论等时，最好是地面有高差变化或背后有墙壁围成的空间；用于室外谈话或歌咏等活动时，最好在周围或背面设置一些墙壁，使其无论在听觉上还是视觉上都是封闭空间。

3. 景观的空间尺度与空间感

（1）空间的尺度

在确定外部空间的大小时，首先要明确它具备何种功能：是单一的功能，还是综合的功能？从视觉结构来说，过小的空间不行，而没有意义的过大空间则更不理想。景观设计应考虑不同尺度的空间塑造（见表2-2）。

表2-2 不同尺度的景观空间设计建议

范围	空间特点	建议
20～25m	创造景观空间感的尺度。在这个空间里，人们会感觉比较亲近	在较小的庭院或公园中，这个尺度范围可能用于定义小型的开放空间或休闲区域
		可以是小广场、儿童游乐区或小型水景
		在这个尺度下，需要精细考虑景观元素（如座椅、灯具、植物等）的布置，以创造亲密和舒适的氛围
26～110m	俗称广场尺寸，是欧洲传统广场的经典尺度	这个尺度范围在景观设计中可能用于定义中等尺度的空间，如较大的公园绿地、步行道或景观轴线
		在这个尺度下，可以容纳更多的活动，如散步、慢跑、小型聚会等
		在这个尺度下，应考虑如何组织空间序列、创造视觉焦点和景观层次
111～390m	形成景观空间场所感的尺度。距离一旦超过110m，肉眼就分辨不出是谁，只能分辨出人的体形特点和大致的动作	这个尺度范围通常用于大型公园、校园或城市开放空间的规划
		在这个尺度下，可以设计更复杂的景观结构，如景观轴线、景观节点、景观序列等
		在这个尺度下，应考虑与周边环境的协调性，创造具有特色的景观风貌
390m以外	形成景观空间领域感的尺度	这个尺度范围通常用于城市公园、风景名胜区等
		在这个尺度下，应考虑与城市规划、交通规划等的协调性，创造具有城市特色的景观风貌

（2）空间感

空间感是指人对空间的感受。影响人的感受的因素是多方面的，例如尺度、色彩、质感等。空间限定要素的特点（材质、色彩、纹样等）不同，人对空间的感受便不同；空间限定程度不同，人对空间的感受也不同。

2.2.2 景观的空间限定要素处理

空间限定要素的处理在景观设计中至关重要，它决定了空间的形态、尺度、氛围和视觉效果。在处理景观空间限定要素时，需要综合考虑景观的整体风格、功能需求、空间布局以及人的活动需求等因素，以创造出既美观又实用的景观空间。

1. “地”的处理

“地”是景观空间的基础，是景观空间的水平要素。不同的“地”具有不同的视觉特征，从而体现出不同的特性，给人以不同的视觉及心理感受。

（1）“地”的视觉效果

① 质感。

“地”的构成材料有很多，例如草坪、地被植物、沙石、水面、硬质铺装等。构成“地”的材料不同，所体现的质感也不同（见图2-176至图2-184），例如硬质铺装软硬、光滑、明暗的质感，以及地被植物粗糙、厚重的质感等。

图2-176 硬质铺装与植物的质感对比

图2-177 硬质地面的质感

图2-178 植物构成的地面的质感

图2-179 地被植物与沙石的质感对比

图2-180 草坪与硬质路面的质感对比

图2-181 水面、植物与硬质铺装的质感对比

图2-182 木材与沙石的质感对比

图2-183 沙石与金属条的质感对比

图2-184 光影对地面铺装质感的影响

② 色彩。

色彩是“地”的重要组成部分。在“地”的具体应用中，色彩需根据场地功能进行设计（见图2-185至图2-190）。例如在活动区（尤其是儿童游戏场），可使用色彩鲜艳的铺装，营造活泼、明快的氛围；在安静休息区，可采用色彩柔和、素淡的铺装，营造安宁、平静的氛围；在纪念场地等肃穆的场所，宜使用沉稳的色调。

图2-185 屋顶地面的荧光图形

图2-186　自然条件下形成的驳岸色彩

图2-187　由灯光构成的地面色彩

图2-188　不同色彩的硬质铺装

图2-189　水体和植被构成的色彩对比

图2-190　沙子和植被构成的色彩对比

③ 形态。

不同的形态给人们的心理感受是不一样的（见图2-191至图2-193）。与视线垂直的直线可以增强空间的方向感，在景观中起到组织路线、引导游人的作用；一些规则的形态会产生静态感，暗示静止空间的出现，如正方形、矩形铺地；三角形和其他一些不规则图案的组合则具有很强的动感。景观中比较常用的还有效仿自然的不规则铺装，如乱石纹、冰裂纹等，可以使人联想到乡间、荒野，给人朴素、自然的感觉。

图2-191　充满趣味的铺装

图2-192　星球主题的地面铺装

图2-193 “地”的起伏

④ 尺度。

尺度是景观空间塑造成功与否的关键因素之一。“地”的尺度取决于景观空间的尺度。就“地”的尺度来说，大空间要做得粗犷些，应该选用质地粗糙、厚实，线条明显的材料，因为粗糙往往使人感到稳重；另外，在烈日下，粗糙的铺地可以较好地吸收光线。而在小空间，则应该采用细小、圆滑、精细的材料，给人轻巧、精致、柔和的感觉。

（2）“地”的高差

有效地利用“地”的高差，可以创造高平面、低平面以及中间平面。利用不同高差划定出不同区域，可以自由地分割或组合空间，从而改变行进节奏，创造出不同的空间效果（见图2-194至图2-198）。

图2-194 优雅别致的铺装设计

图2-195 英国主题公园Jupiter Artland

图2-196 地形高差中的台阶及边坡景观

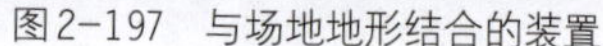

图2-197　与场地地形结合的装置

图2-198　利用高差设置的座椅

2. “墙”的处理

在景观中，“墙”是空间塑造最重要的条件之一。空间的封闭程度、空间与空间之间的分隔、空间感的形成以及空间私密性的形成都离不开“墙”。

（1）“墙”的高度与视线

讨论空间封闭性时，应当考虑到“墙”的高度（见表2-3）与人的视线之间的密切关系（见图2-199）。

表2-3　“墙”的高度

“墙”的高度	特点
30cm	相当于两个台阶的高度，作为墙壁只达到了勉强能区别领域的程度，几乎没有封闭性。但是，它刚好是憩坐或搁脚的高度
60cm	基本与30cm高的情况相同，空间在视觉上有连续性，还没有达到封闭的程度，刚好是凭靠休息的大致高度
90cm	这个高度的墙人类不容易跨越，因此，空间的分割作用比较明显，如护栏
1.2m	人体的大部分被遮挡，对空间的分隔非常有效，但是在视觉上仍有充分的连续性。与此同时，其遮挡作用容易使人产生安全感
1.5m	一般来说，人体除头部外都被遮挡了，具备相当的封闭性
1.8m以上	人的视线完全被遮挡，空间封闭性明显

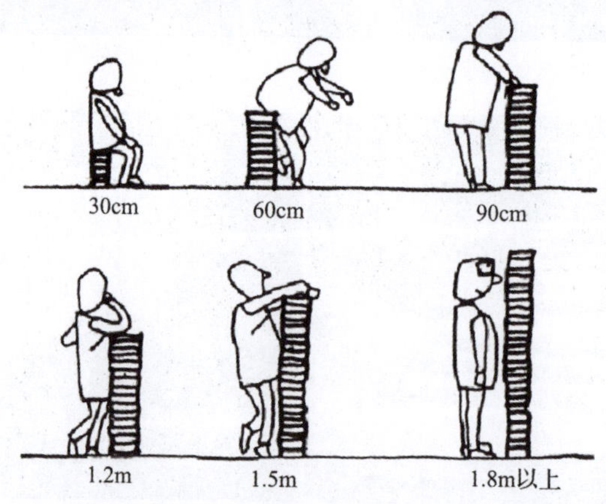

图2-199　“墙”的高度与视线

根据这些情况，充分运用高墙、矮墙、直墙、曲墙、折墙等进行布置，可以创造出富有变化的外部空间。

（2）“墙”的围合与空间感

一根柱子虽形成不了“墙”，但能够限定空间。两根以上直线排列的柱子形成一个虚面。3根或多根柱子可以限定出一个虚空间，并且随着柱子的密集排列，限定出的空间逐渐实体化（见图2-200和图2-201）。

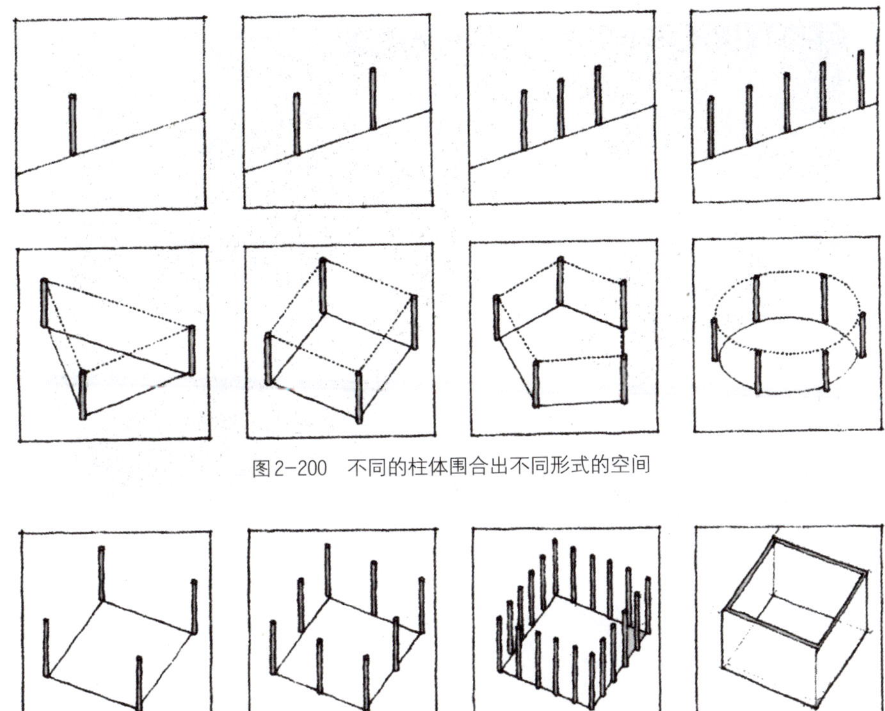

图2-200　不同的柱体围合出不同形式的空间

图2-201　柱体的疏密围合出不同虚实感的空间

由柱子围合形成的空间为虚空间，几乎没有封闭性（见图2-202）。由墙围合形成的空间封闭性较强，并且墙的围合程度不同，空间封闭程度也有所不同。按照围合方式的不同，“墙”形成的空间可以分为以下几种类型。

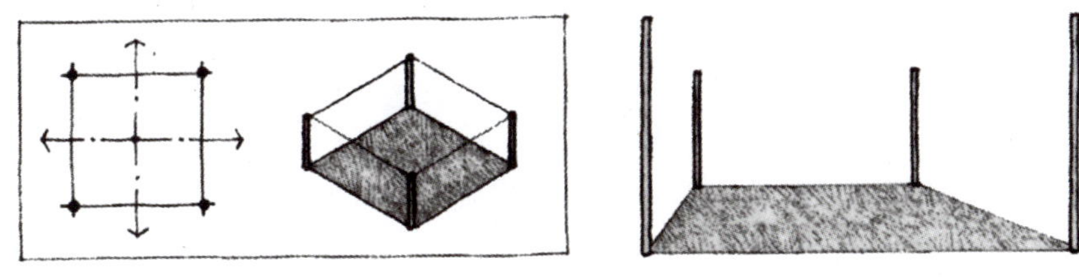

图2-202　由柱子围合形成的虚空间

“—”型：分隔、限定空间，空间不具封闭性，但具有方向性，如景墙、绿篱、栏杆等（见图2-203和图2-204）。

两面开敞型：围合并引导空间，空间私密性较弱，具有较强的方向性，如行道树、景墙、栏杆等（见图2-205和图2-206）。

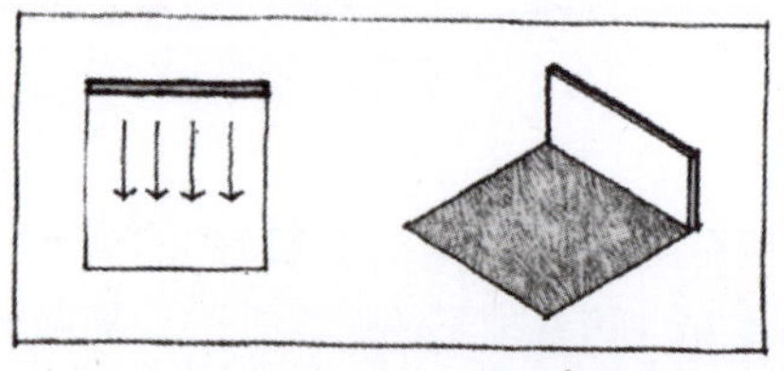
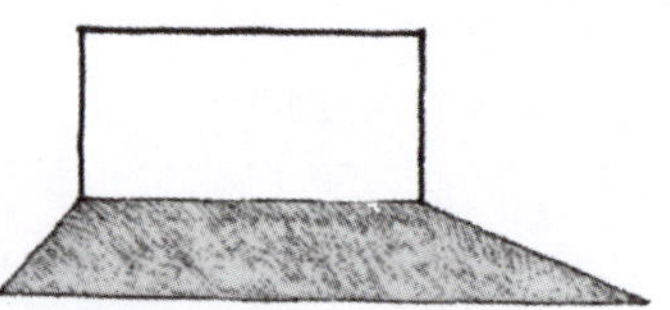

图2-203　景墙形成的空间界面

图2-204　造型优雅的景墙

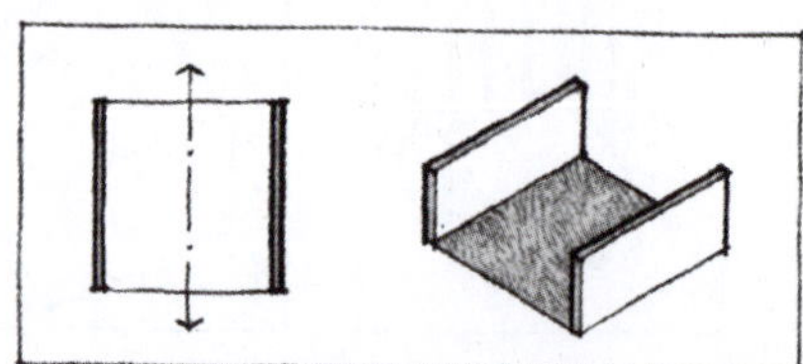
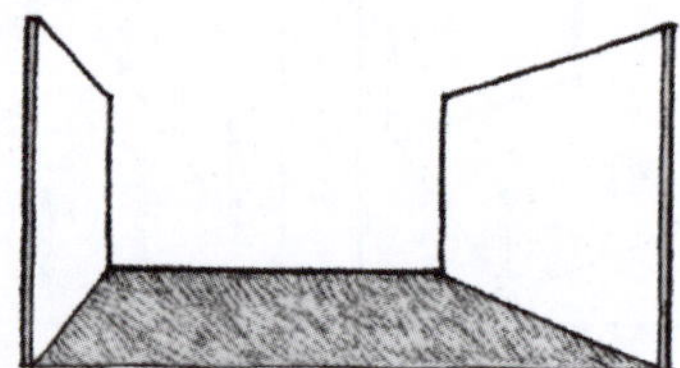

图2-205　两面开敞的围合空间

图2-206　景墙围合的道路空间

半围合型：半围合空间，空间具有较强的聚集性、方向性及私密性，并且其封闭性随着围合墙体的形式变化而变化（见图2-207和图2-208）。

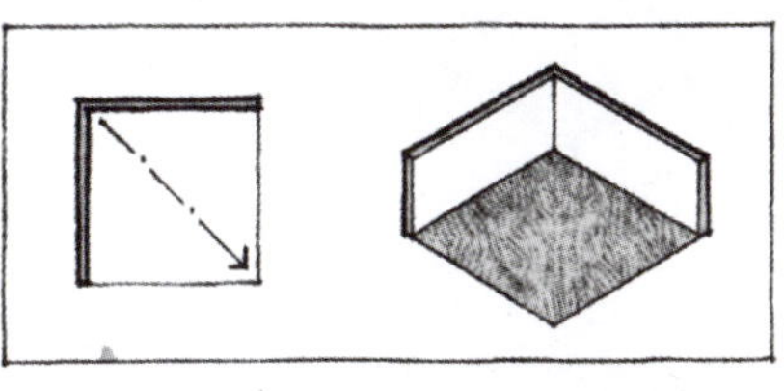
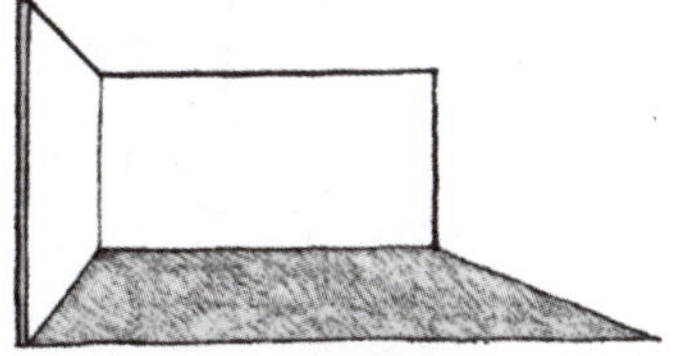

图2-207　两面墙结合的半围合空间

图2-208　实体景墙围合的半围合空间

三面围合型：空间的围合及封闭程度进一步提高，私密性及安全感提升（见图2-209和图2-210）。

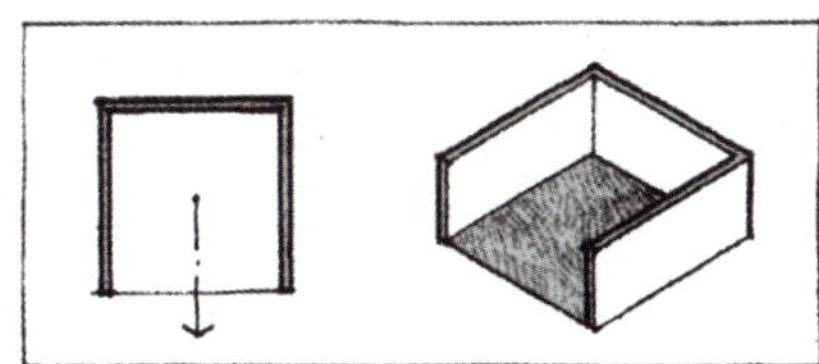
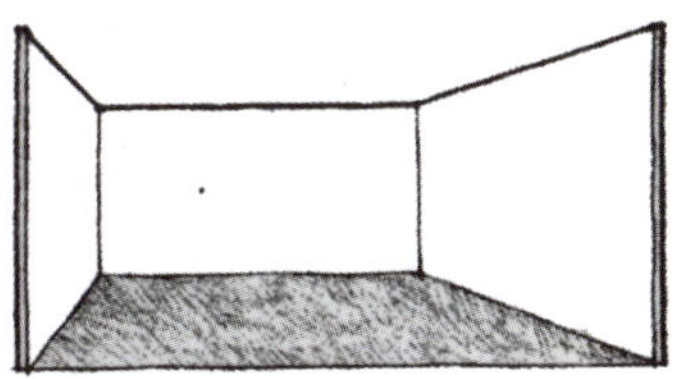

图2-209　三面围合的空间

图2-210　剧场形式的三面围合空间

四面围合型：空间封闭，私密性很强，空间内聚（见图2-211和图2-212）。

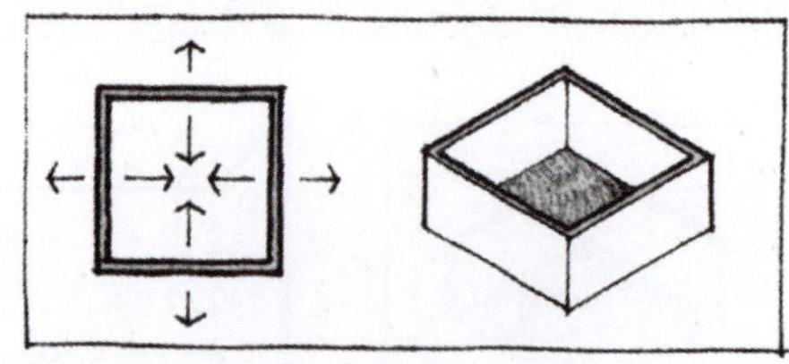

图2-211　四面围合空间

图2-212　典型的四面围合的庭院空间

（3）“墙”的应用

“墙”具有分隔空间、衬托、装饰和遮蔽不良景观的作用，还具备丰富空间层次、引导游览路线等功能，是景观设计中常用的造景手段之一。

按照形态的不同，“墙”可以分为平墙、梯形墙、曲面墙（见图2-213和图2-214）。墙的设置多与地形相结合，平坦的地形多建成平墙，坡地或山地则依势建成梯形墙或曲面墙。此外，在墙上开门洞或窗洞，也是常用的造景手段。利用这种方式，可以实现空间之间的联系和渗透，同时还能取得较好的装饰效果，并且借助门窗洞进行框景，可以得到更加丰富的画面。

图2-213　优雅的曲面墙

图2-214 法国“20道门”花园景观

按照材料和构造的不同，“墙”可以分为白粉墙、磨砖墙、乱石墙等。利用不同质地和色彩的墙塑造出不同的景观效果，可以塑造出更加丰富的景观空间（见图2-215至图2-222）。

图2-215 利用地形及造型台阶创造出的墙面装饰

图2-216 既是“墙”又是“地”

图2-217 景观桥上的“蜂窝墙”

图2-218 设计新颖的网状“墙”

图2-219　趣味横生的镜面墙

图2-220　构图优美的景观墙

图2-221　具有独特观赏效果的墙面装置

图2-222　小区中的竖向墙面装置

3. “顶”的处理

在景观中，相较于“地”和“墙”，“顶”对空间的限定要弱得多。尽管如此，“顶”仍然是景观中不可或缺的部分。炎炎夏日或刮风下雨时，“顶”能够提供良好的遮蔽场所。此外，形成“顶”的物体还是景观中重要的造景元素。

（1）“顶”的类型

景观中的“顶”主要有自然和人工两种形式。自然的“顶”主要是指植物的树冠，其浓密程度及覆盖面积的大小都会影响“顶”的遮蔽效果（见图2-223和图2-224）；人工的“顶”主要是指具有一定覆盖、遮蔽作用的人工构筑物，如亭子、长廊、花架等（见图2-225和图2-226）。

图2-223　竹林造就的松阳竹林剧场

图2-224　榕树树冠形成的“顶”

图2-225　人工的“顶”

图2-226　装饰性较强的人工“顶”

（2）“顶”的形式和尺度

“顶”的形式和尺度取决于覆盖物的平面形式、面积、高度（见图2-227）。过低的“顶”会给人以压抑感，过高的“顶”则会显得人非常渺小，容易使人产生虚空感。因此，“顶”的大小、高度要与人体的尺度相匹配（见图2-228至图2-230）。

图2-227　“顶”的形式

图2-228　设计感极佳的景观建筑顶面

图2-229　别致天井的建筑顶面

图2-230 景观艺术小品中的顶面处理

2.3 知识拓展

扫描右侧二维码，观看微课视频，学习景观设计相关知识。

第三篇　景观设计实训

景观设计实训旨在为学生提供深入了解和完成各种景观项目的机会。通过实际操作，学生将在不同类型的景观项目（如城市公园、居住区、商业街区等）中进行练习和学习。实训涵盖场地分析、概念构思、方案设计及技术细节等内容，帮助学生从理论到实践逐步掌握景观设计的全过程。这种综合性实训不仅能提升学生的创造力和问题解决能力，还能培养他们在不同环境下灵活应对各种情况的能力，为他们未来成为优秀的景观设计师奠定坚实的基础。

3.1 庭院设计

庭院设计是创造性与自然融合的艺术，旨在为人们打造独特的私人空间。在有限的空间里，设计师需巧妙地结合植物、材料，构造出舒适宜人的室内外环境。庭院设计不仅注重美感，还考虑功能与实用性，为人们提供休憩、娱乐及社交的场所。通过合理布局，庭院可成为展现个人品位与生活方式的独特空间，为生活增添无限乐趣与活力（见图3-1）。

图3-1 麹町会馆一楼庭院

3.1.1 庭院设计任务书

通过学习本小节内容，学生能掌握庭院设计的基本理论和相关方法，分析庭院与现代人的居住、生活及工作的关系，学会将传统的庭院设计方法与现代居住、办公、商业等空间相结合，从而创造良好的环境，培养灵活运用知识的能力以及分析问题、解决问题的能力。

1. 项目描述

根据所给图纸进行庭院设计（面积控制在100m²左右，适合初级入门学习者），通过庭院设计的整个过程学习并掌握庭院设计的相关知识和设计方法。

2. 设计要求

能够灵活运用庭院设计的相关内容和造园手法，确保功能布局合理、设计构思新颖，设计风格要与建筑风格协调，突出场地特点，体现一定的地域文化特色。满足使用者对庭院的功能需求，如休息、社交、赏景等，创造适宜的室外活动场所和景观；注意庭院空间的分隔，以及室内外空间的结合。

3. 作业图纸内容及要求

（1）图纸内容

- 场地分析。根据场地位置及现状图纸（图纸比例1：250～1：50），分析庭院与周边环境的关系。

- 设计灵感及来源分析。构思设计并进行创意表达，在此基础上阐述设计的灵感及来源。
- 庭院设计总平面图及各类型分析图（功能分析、交通分析、视线及景观节点分析、竖向分析等）。图纸比例1：250～1：50，标明园路、铺装、植物、水体、重要景观建筑小品等的位置、尺寸。
- 种植设计图。图纸比例1：250～1：50，标明植物种类、种植位置、种植数量。
- 主要节点立面图或剖面图。图纸比例1：100～1：20，标明主要构筑物及其高度，表达清楚地形变化及景观要素前后关系。
- 效果图。包括总体鸟瞰图、重要节点效果图、重要景观建筑小品和构筑物效果图。

（2）图纸要求

- 展板不少于2张，标准A1尺寸（594mm×841mm）。
- 文本一套，数量根据图纸内容确定，标准A3尺寸（420mm×297mm）。

4. 作业进度安排

- 1～12学时：学习理论知识，明确设计任务，实地考察参观相关案例。
- 13～20学时：设计构思，绘制现状分析图、规划图；设计初步方案，并讲评。
- 21～44学时：深化方案，讲评，制作方案模型，完善总体设计。
- 45～64学时：绘制正式成果图纸。

5. 参考资料

- 《中国古典园林史》，周维权著，由清华大学出版社于1999年10月出版。
- 《中国古典园林分析》，彭一刚著，由中国建筑工业出版社于1986年12月出版。
- 设计网站：景观中国。

3.1.2 知识准备：了解庭院设计

庭院设计知识涵盖庭院的风格、作用、类型及设计内容。风格是设计的灵魂，类型延伸功能与氛围，作用决定初始方向，设计内容包括植物、空间、小品等。综合这些知识，设计师能创造出独特、实用的庭院，融合人与自然，营造与环境和谐互动的场所。

1. 庭院的风格

庭院风格是独特的设计语言，从传统到现代，从自然到抽象，各种风格在庭院中得以演绎，创造出各具特色的户外空间。现代庭院主要有以下几种风格。

（1）自然式

自然式是指庭院的布局呈现出自然山水风景特色的布局格式（见图3-2），即使经过人工整理布置，看起来仍具有自然山水的淳朴秀丽。这并不是对自然风景的简单模仿，而是汲取自然风景的特点和精华，创造性地设计布置而成（见图3-3至图3-5）。

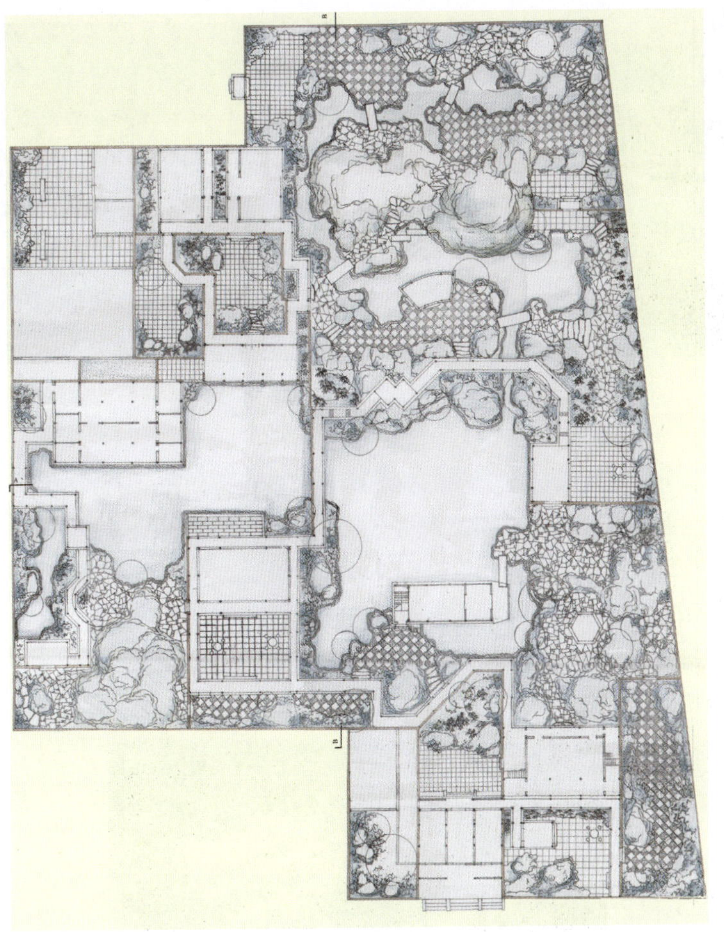

图3-2 学生传统园林设计作业

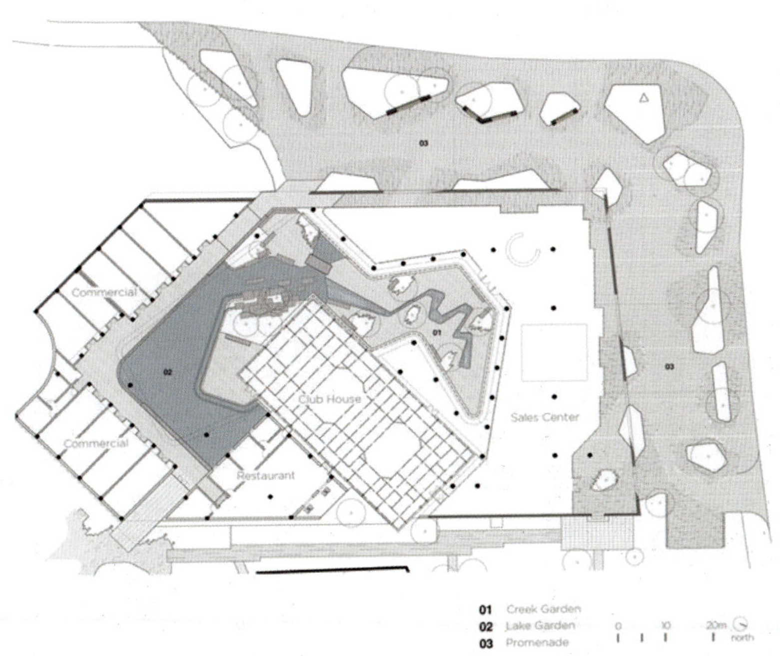

图3-3 中航樾园内庭院平面图

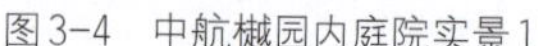
图3-4　中航樾园内庭院实景1

图3-5　中航樾园内庭院实景2

（2）规整式

规整式是指所有庭院设计要素的形象和配置都表现为整齐明确的布局格式，表现出几何关系。例如，平面布局以规整形态为主，或是有较为明显的轴线，或是以方形、圆形等规整几何形为构图的基本形；绿化的配置中多出现明显的对称（见图3-6），线条常以直线为主，所用的曲线也是近似几何学圆弧那样的曲线。

图3-6　西方规整式庭院

（3）混合式

为了使庭院空间富于变化，可以分区使用规整式和自然式两种风格。在面积允许的情况下，两种风格的场地可以通过布置过渡性的绿化来衔接，使庭院景观从规整式逐渐过渡到自然式，避免骤然的改变，使游赏者不会感到过分突兀（见图3-7）。

图3-7　玛莎·施瓦兹的拼合园及设计原型

2. 庭院的作用

（1）美化环境

庭院作为建筑的外环境，具有美化建筑环境的作用。长期以来，对建筑公共活动场所和设施的不重视导致建筑环境（如办公空间、商业空间等）品质不佳。随着社会经济的发展，建筑公共环境越来越受到重视。利用庭院对建筑环境进行美化，可以创造出优美的建筑环境，提升建筑的活力（见图3-8和图3-9）。

图3-8 泰康商学院中心庭院

图3-9 米兰设计周展出的50把想象力爆棚的漫画椅

（2）提供休息活动空间

除了美化环境，庭院还为人们提供了休息活动的空间，尤其是办公、商业等建筑的庭院，为人们提供了工作、购物之余休息、娱乐、放松的场所（见图3-10）。

图3-10 惬意的庭院休憩空间

（3）提供公共交往空间

庭院还为人们的交往提供了可能性。由于庭院为人们提供了休息的场所，增加了人们交往的机会，人与人之间的交流可以更为自然地发生（见图3-11和图3-12）。

3. 庭院的类型

现代建筑中的庭院空间在继承传统庭院特征的基础上实现了进一步的发展，成为建筑内部最具活力的空间之一。根据功能及位置的不同，庭院可以分为中庭、边庭、内院和屋顶花园。

图3-11 提供交往空间的优雅庭院

图3-12 水景挡水边与休息凳的结合

（1）中庭

在用地面积有限的建筑空间（如居住建筑、商务办公楼、商业建筑）内，为了营造优美的环境，通常会在建筑内部设计中庭（见图3-13）。中庭位于建筑核心区域，由房间或走廊围合而成，形成向心性、封闭感较强的围合空间。

图3-13 优美的中庭景观

中庭的首要作用是提供人们休息的空间，并通过组织一定的景观，创造出宜人的交往空间。由于空间的限制，中庭的面积一般不会很大，景观设计相对来说比较简洁，依靠植物来软化建筑冷硬的线条，增加空间的活力；通过水平面上空间的分隔与渗透，使空间富有变化，以增加空间的层次感，使人在有限的空间里也能感受到自然气息，实现空间“以小见大”的效果。

中庭在美化建筑内部环境的同时，成为整个建筑的自然光源，使建筑中部有足够的光线。光线在建筑内部形成光与影的对比，使建筑、植物、光影在整个空间中形成丰富的虚实变化（见图3-14）。

（2）边庭

一些大型建筑与城市空间的临界处设置了庭院式的公共空间，这种形式的空间被称作“边庭”。边庭位于建筑群的边上，面积比较小，具有中庭的景观特征，三面具有明显的围合，一面紧邻建筑，空间相对开敞。这种半开敞的空间在组织交通的同时，提供休息、社交功能（见图3-15）。

图3-14 采光中庭

图3-15 商场中起交通组织作用的边庭

（3）内院

内院位于主体建筑外部，由主体建筑与围墙共同围合而成。内院的面积可大可小，空间较中庭和边庭更为开敞，景观设计更加自由，形式多样，观赏性更强（见图3-16至图3-18）。内院空间的设计同样可以灵活运用各种空间限定手段，如通过地形的高差和材质的变化限定出交通空间，通过局部的围合限定出休息空间，或者通过设立标志物限定出公共交往空间（见图3-19和图3-20）。

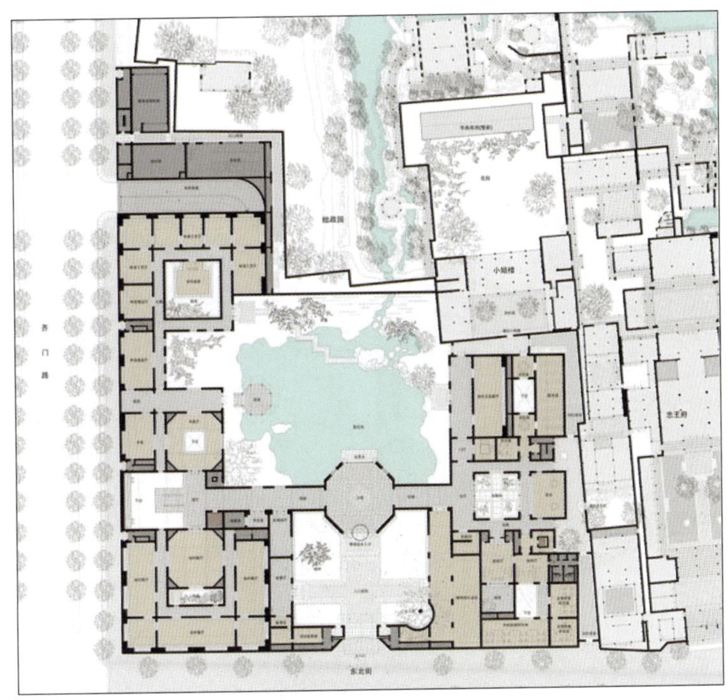
图3-16 苏州博物馆平面图

图3-17　苏州博物馆主庭院空间

图3-18　苏州博物馆意境深远的山石水景

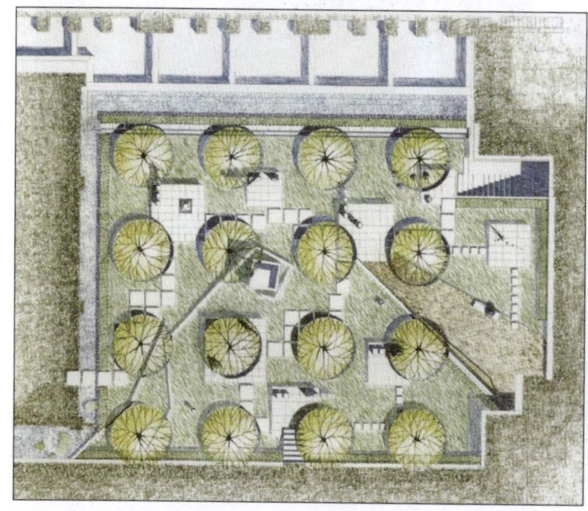
图3-19　日本青叶江田都市庭院平面图

图3-20　日本青叶江田都市庭院实景

（4）屋顶花园

屋顶花园位于建筑的顶部。随着建筑科学技术的发展，屋顶承重、防水等一系列问题得以解决，建造屋顶花园成为在建筑空间有限的情况下被广泛运用的一种增加景观的手段。屋顶花园为人们提供了更多游憩及公共交往空间（见图3-21和图3-22）。

图3-21　具有艺术魅力的屋顶花园

图3-22 Green Varnish屋顶花园的游憩与公共交往空间

4. 庭院的设计内容

图3-23 巧妙利用地形的庭院空间设计

庭院设计涵盖空间设计、植物设计、景观小品设计等方面，通过巧妙布局与选择，创造出宜人的户外环境。这些元素相互交融，共同构筑了一个与自然亲近、功能多样的庭院空间。

（1）空间设计

由于庭院面积有限，在有限的场地内实现“以小见大”，创造出尽可能丰富的空间是庭院设计的重点之一（见图3-23）。利用地形的高差变化以及墙体的围合，可以塑造出不同的小空间，从而创造出不同的空间形态（见图3-24和图3-25）；增加垂直绿化可以美化环境空间；在墙体上开窗或门洞，利用空间和空间之间的流通、渗透，或者利用借景的手法，可以在小空间里塑造出尽可能丰富的空间层次（见图3-26和图3-27）。

图3-24 庭院中结合地形高差的挡土墙设计

图3-25　错落的地形设计丰富了庭院的空间层次

图3-26　传统庭院中的借景1

图3-27　传统庭院中的借景2

（2）景观小品设计

景观小品在庭院中往往起到聚集视线的作用，是视觉的中心。在庭院中，景观小品往往表现为水景、假山叠石、雕塑等（见图3-28和图3-29）。

图3-28　以水景为视觉中心的优雅庭院

图3-29　庭院中的雕塑小品

（3）植物设计

在进行庭院植物的配置时，植物品种不宜过多，可以将一两种植物作为主景植物，再选择其他植物作为搭配。植物的选择还要与整体庭院风格匹配。进行植物搭配时，注意单株植物形体、色彩、质地、季相变换等特性的充分发挥（见图3-30）。丛植、群植的植物通过形状、线条、色彩、质地等要素的组合以及合理的尺度，加上不同绿地的背景元素（铺地、地形、建筑物、景观小品等）的搭配，为景观增色，能让人在潜意识的审美感觉中调节情绪（见图3-31）。

图3-30　造型独特的孤植景观树

图3-31　庭院中季相变化丰富的彩叶植物

3.1.3　项目实施：庭院设计

庭院设计项目实施的关键在于精心策划的设计方案。通过结合植物、空间、景观小品等要素，营造独特的庭院氛围。在设计过程中，每一个细节都要精心考虑，以实现庭院与主人需求相契合的美好愿景。

1. 场地调查和分析

对建筑及其周边环境进行实地调查，对场地现状进行测绘，并绘制现状图纸（地形图，建筑物、植被和道路现状等）；分析功能需求、场地周边环境、建筑及交通情况；分析基地的自然特征，确定可利用和需改造的要素；分析建筑和场地的关系等（见图3-32）。

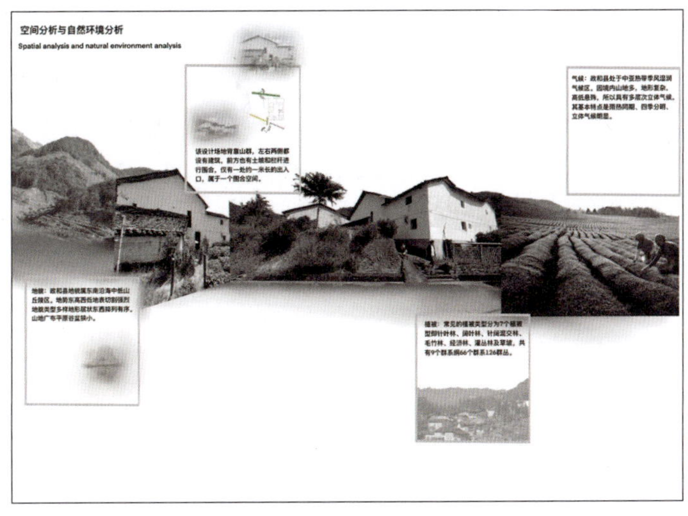

图3-32　学生作业（刘雨露）

2. 案例分析及方案构思立意

对庭院设计的案例进行分析有助于构思立意。通过深入分析不同案例的设计理念与实现方式，可以从中汲取灵感、借鉴成功经验，为构思出优秀的方案提供坚实基础。这些案例不仅能激发创意，还能引导设计师在庭院设计中融入独特的主题与意境，确保设计蕴含深厚的内涵与鲜明的个性。

（1）案例分析

实地考察苏州传统园林，分析园林造景要素及造景手法，进行园林空间分析。

寻找典型庭院设计案例进行分析，研究庭院景观构成、功能设置、庭院与建筑的关系等；关注设计的主题与创意；进行庭院空间分析。

（2）方案构思立意

庭院作为建筑的外环境，其设计往往反映了使用者对园林景观的需求。在分析场地与建筑及周边环境关系的基础上，确定庭院的功能和风格特点，力求设计方案能反映使用者的需求以及一定的文化底蕴，突出建筑与环境的内涵及它们之间的关系；绘制构思草图，包括平面草图等（见图3-33至图3-36）。

3. 方案深化

庭院设计方案在空间塑造中创造布局与流线，植物造景则注入生命与美感，两者相辅相成，使庭院空间更具内涵与魅力（见图3-37和图3-38）。

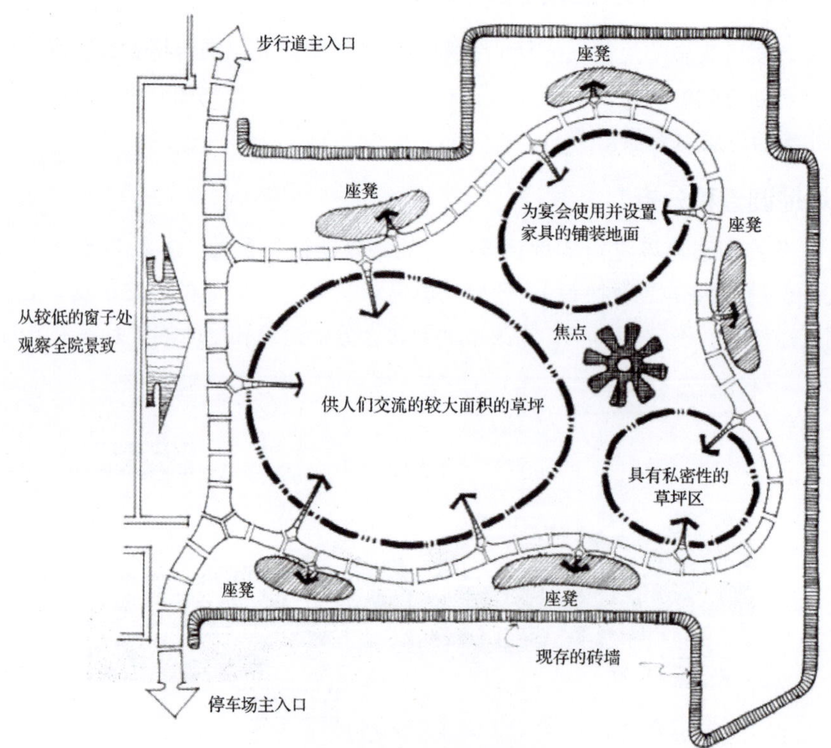

图3-33　庭院场地分析图

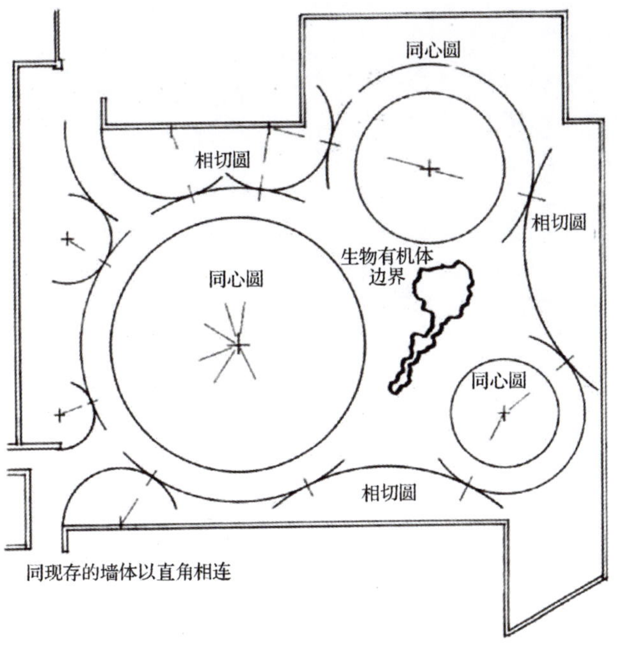

图3-34 主题构思草图

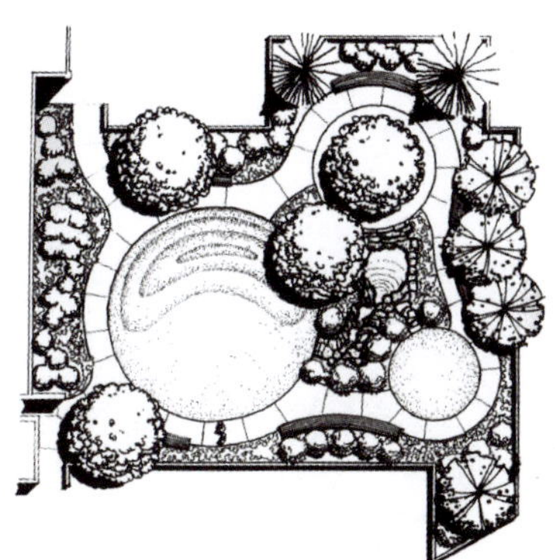

图3-35 最终方案平面图

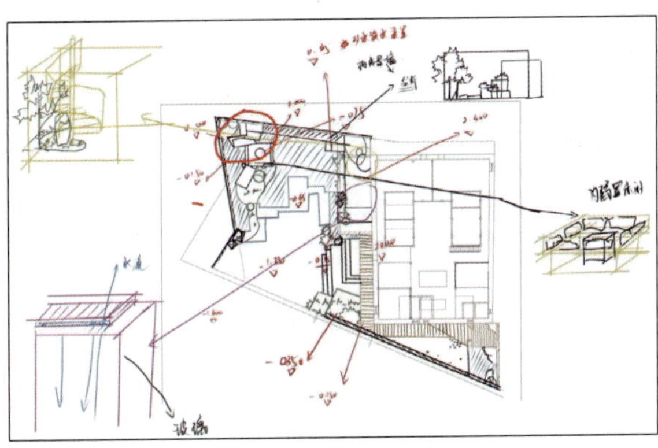

图3-36 庭院设计构思草图（学生作业：刘雨露）

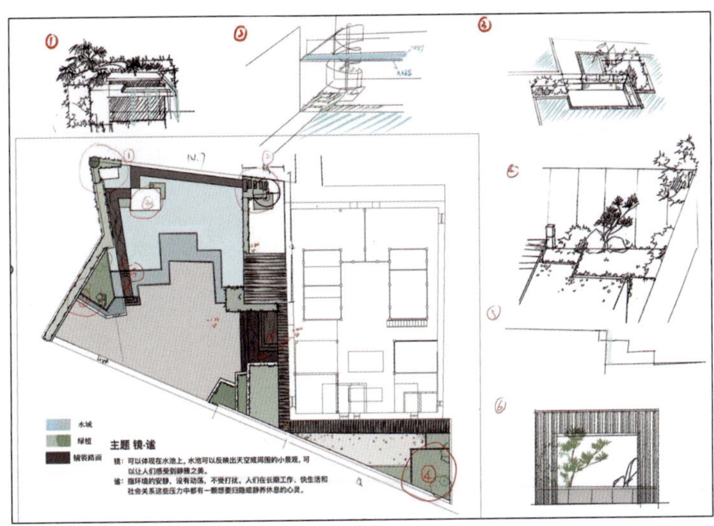

图3-37 庭院方案深化（学生作业：刘雨露）

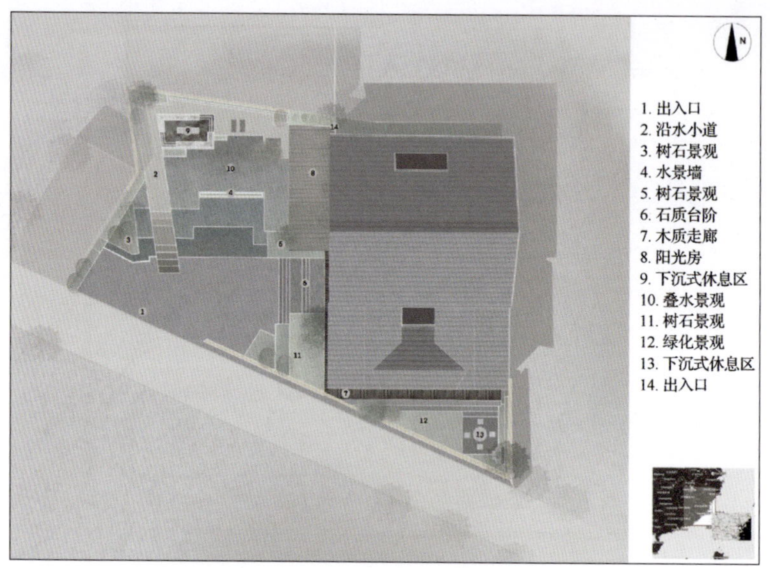

图3-38　最终方案平面图（学生作业：刘雨露）

（1）强化空间塑造

灵活运用园林造景手法，注意庭院造景和建筑之间的因借关系，在有限的空间里创造出丰富多彩的景观，达到步移景异的效果（见图3-39和图3-40）。

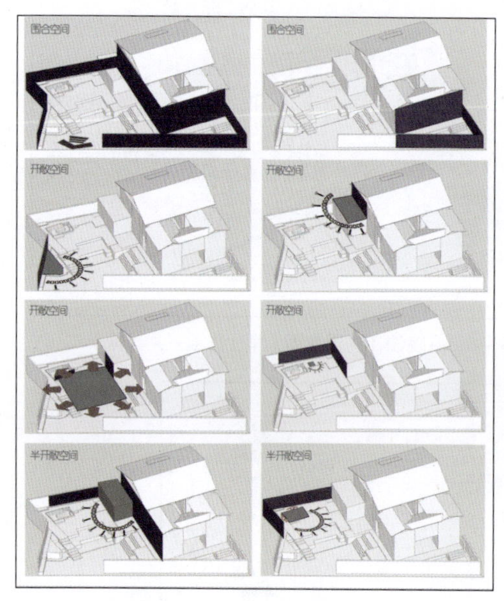

图3-39　庭院空间设计分析1（学生作业：刘雨露）

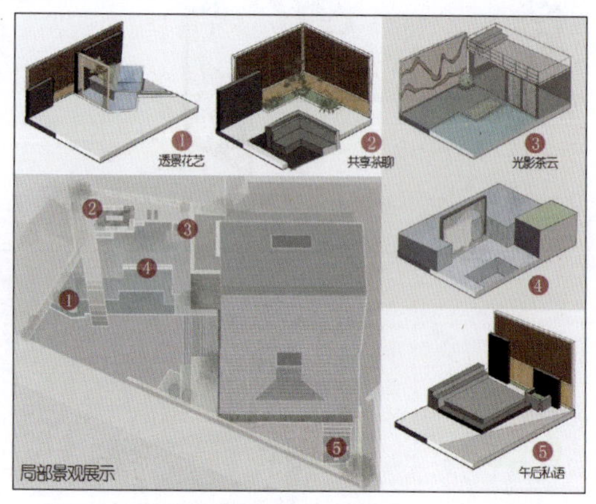

图3-40　庭院空间设计分析2（学生作业：刘雨露）

（2）强化植物造景

植物是庭院设计的重要组成部分。在进行庭院植物的造景时，需突出植物在不同季节观形、观叶、观花、闻味等方面的季节效应；在进行植物的搭配时，要充分考虑植物生长和建筑采光等方面的关系。

4．图纸绘制

- 技术图纸绘制：总平面图、主要景点剖面图、立面图（见图3-41和图3-42）。

- 效果图纸：总体鸟瞰图、局部景点效果图（见图3-43至图3-47）。
- 排版及后期文本：900mm×600mm版面两张、A3文本一册（见图3-48和图3-49）。

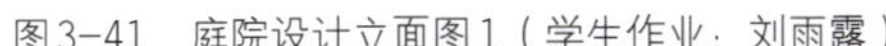

图3-41　庭院设计立面图1（学生作业：刘雨露）

图3-42　庭院设计立面图2（学生作业：刘雨露）

图3-43　庭院设计局部效果图1（学生作业：刘雨露）

图3-44　庭院设计局部效果图2（学生作业：刘雨露）

图3-45　庭院设计局部效果图3（学生作业：刘雨露）

图3-46　庭院设计俯视图（学生作业：刘雨露）

图3-47　庭院设计鸟瞰效果图（学生作业：刘雨露）

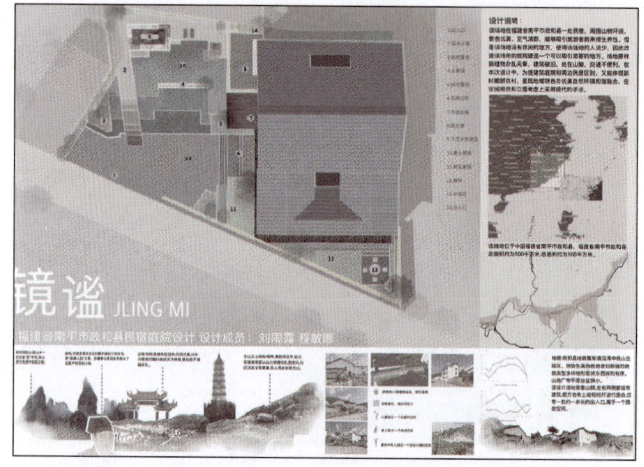

图3-48　庭院设计版面1（学生作业：刘雨露）

图3-49　庭院设计版面2（学生作业：刘雨露）

3.1.4　知识拓展

扫描右侧二维码，观看微课视频，学习景观设计相关知识。

3.2 道路绿化景观设计

随着城市的繁荣和发展，城市交通网络日益扩大并趋于复杂。道路是城市交通的重要组成部分，联系着城市的各个功能用地。城市道路绿地是伴随着城市道路的建设和交通空间的拓展而发展起来的。道路绿地的规划布局，以及其中所形成的城市人文景观环境，反映了一个城市的经济与文化发展水平。设计并建设美观、生态、安全的道路绿地是当前城市建设的必然趋势（见图3-50和图3-51）。

图3-50 城市立交桥

图3-51 城市干道

3.2.1 道路绿化景观设计任务书

通过学习本小节内容，学生能基本掌握城市道路及道路绿地的基本概念和景观设计理论；了解道路绿地景观规划设计的相关规范和标准；掌握城市道路绿化设计的内容和方法；熟悉设计过程和步骤；明确道路绿化与城市交通、建筑、使用者及其他城市、社会因素的相互影响与配合。

1. 项目描述

道路绿化景观设计的基地背景为城市基本干道或典型城市道路绿地（包含分车绿带、行道树绿带、路侧绿带、交通岛绿地等），可适当结合街旁游园等绿地进行项目设计（见图3-52）。

图3-52 城市道路绿地组成

2. 设计要求

设计时应充分发挥道路绿化的生态及防护功能。道路绿化设计是城市建设不可或缺的一环，其总体要求为实现生态、美观与实用的完美结合，在满足道路基本通行功能的前提下，运用植物、雕塑小品等景观元素，塑造形式丰富多彩、美观大方的道路景观。设计要遵循相关要求和规范，满足行人行为要求及车辆通行要求；设计需确保绿地率达标，注重乔木、灌木和地被植物的合理配置，以保持道路绿化的连续性和完整性。同时，需充分考虑行车视线、行车净空以及植物与市政设施的和谐共存，选择合适的植物种类，保留并保护有价值的原有树木和古树名木。这些设计要求旨在营造舒适、安全的道路环境，进而提升城市形象，为市民提供绿色生态的出行空间（见图3-53）。

图3-53　特色竹林小径

3. 作业图纸内容及要求

（1）图纸内容

- 道路总体规划及现状分析图。图纸比例1：2000～1：1000，标明道路在城市中的位置以及道路与周边地区的关系。场地分析应包含道路交通流线、空间分析，景观绿化的断面分析，以及使用者行为分析等。
- 道路绿化标准段总平面图。图纸比例1：1000～1：300，标明周边规划建筑、绿地、人行道、铺装、水体、停车场、重要景观小品等的位置、尺寸。
- 种植设计图。图纸比例1：500～1：300，标明植物种类、种植形式、位置、数量及规格。
- 道路绿化的断面图。图纸比例1：500～1：300，标明道路绿地绿化和分车带绿化植栽，人行道、机动车道以及主要建筑物或构筑物高度，表达清楚绿化地形的起伏变化。
- 效果图。包括总体鸟瞰图、局部绿化景点效果图。

（2）图纸要求

文本一套，标准A3尺寸（420mm×297mm）。

4. 作业进度安排

- 1～8学时：学习理论知识，明确设计任务，进行场地分析和案例分析。
- 9～16学时：设计构思，绘制现状分析图；设计一草方案，并讲评。
- 17～24学时：设计二草方案，讲评，深化并完善总体方案。
- 25～48学时：绘制正式成果图纸。

5. 参考资料

- 《城市道路绿地景观设计》，王浩、谷康、赵岩、潘成方、高春林编著，由东南大学出版社出版。
- 《城市道路设计》，王连威主编，由人民交通出版社出版。

- CJJ/T75-2023《城市道路绿化设计标准》。
- GB/T51328-2018《城市综合交通体系规划标准》。

3.2.2 知识准备：了解城市道路绿化景观设计

道路绿化景观通过巧妙融合城市道路形式与植物绿化，实现美化道路、净化空气、降低温度等多重效益。道路绿化景观应适应道路特点，具备协调性、适宜性等，设计内容包括植物选择、景观布局、绿化设施等，具体结合景观带、分车带、人行道等绿化区域，创造宜人、生态友好的城市道路环境。

1. 城市道路的形式

在城市道路景观设计中，道路分级确保了交通流畅与居民出行便利；布局涵盖景观带、人行道等，为城市增添美感与活力。恰当的分级和布局使得城市道路既能满足功能需求，又有宜人的环境，实现了交通与美学的和谐统一。

（1）城市道路的分级

根据道路的交通性质和交通量，城市道路可分为以下5种。

① 主干道：市区主要的交通运输线路，连接城市主要的功能区、公共场所等。

② 次干道：联系主干道的辅助交通路线。

③ 支路：联系各个街区的道路。

④ 尽端式道路：街区内部的道路，同时也是机动车交通最末端的道路。

⑤ 特殊性质的道路：包括专用步行道、风景路、残疾人通道等。

主干道宽度一般为30～45m，次干道宽度一般为25～40m，支路宽度一般为12～15m。主干道、次干道、支路和尽端式道路共同构成城市道路的等级系统（见图3-54）。

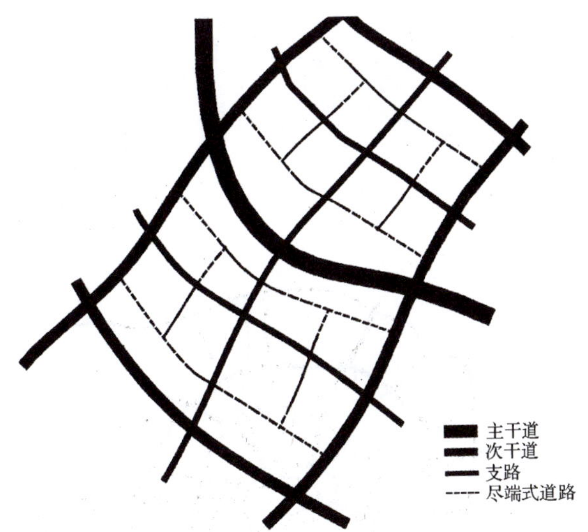

图3-54　城市道路的等级系统（摘自《城市景观规划设计理论与技法》）

（2）城市道路的布局形式

道路的布局形式是在自然地形条件和社会经济条件的基础上发展起来的，归纳起来主要有方格棋盘型、环型、放射型、不规则型等（见图3-55至图3-57）。

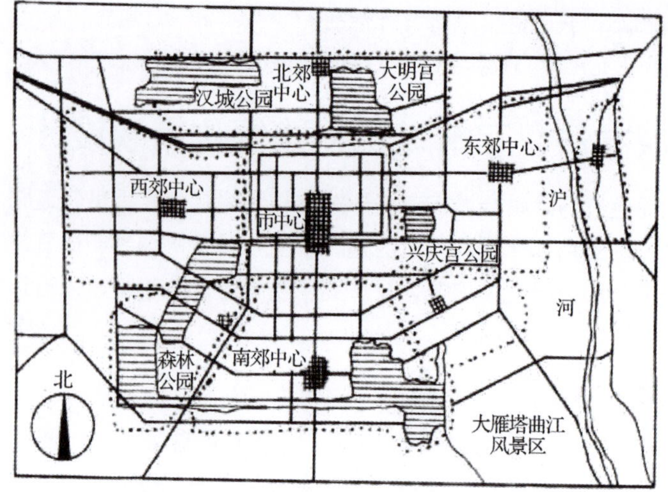

图3-55　西安市道路规划布局，方格棋盘型（摘自《城市道路设计》）

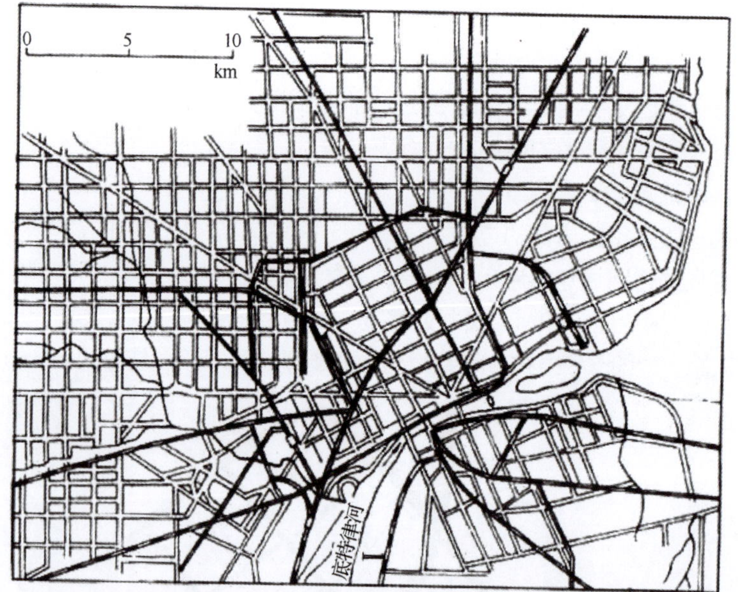

图3-56　底特律道路布局形式，以方格棋盘型和放射型为主（摘自《城市道路设计》）

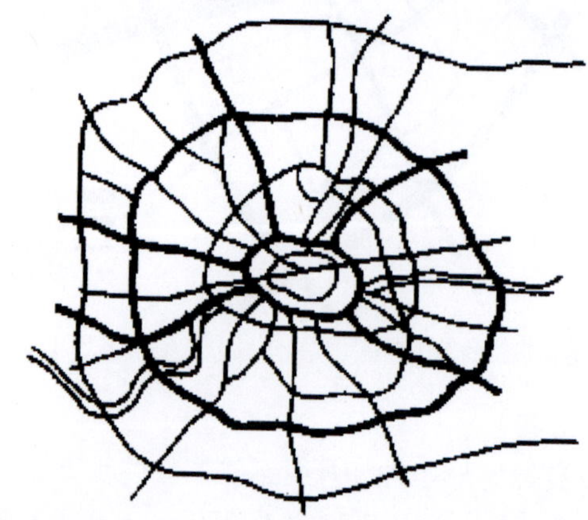

图3-57　伦敦环型、放射型道路网（摘自《城市道路设计》）

（3）道路的断面

道路断面一般有4种基本形式，俗称为一块板、两块板、三块板、四块板。一块板是仅有一条行车道，机动车、非机动车都在这条道上行驶；两块板是在一块板的基础上增加了分向隔离带，形成两条车行道，同一方向的机动车与非机动车混合单向行驶；三块板是路中间有两条隔离带，将车道分成3个部分，中间为双向机动车道，两旁为单向的非机动车道；四块板有3条隔离带，将车行道分成单向的4个车道，中间车道行驶机动车，两侧的车道为非机动车道（见图3–58）。

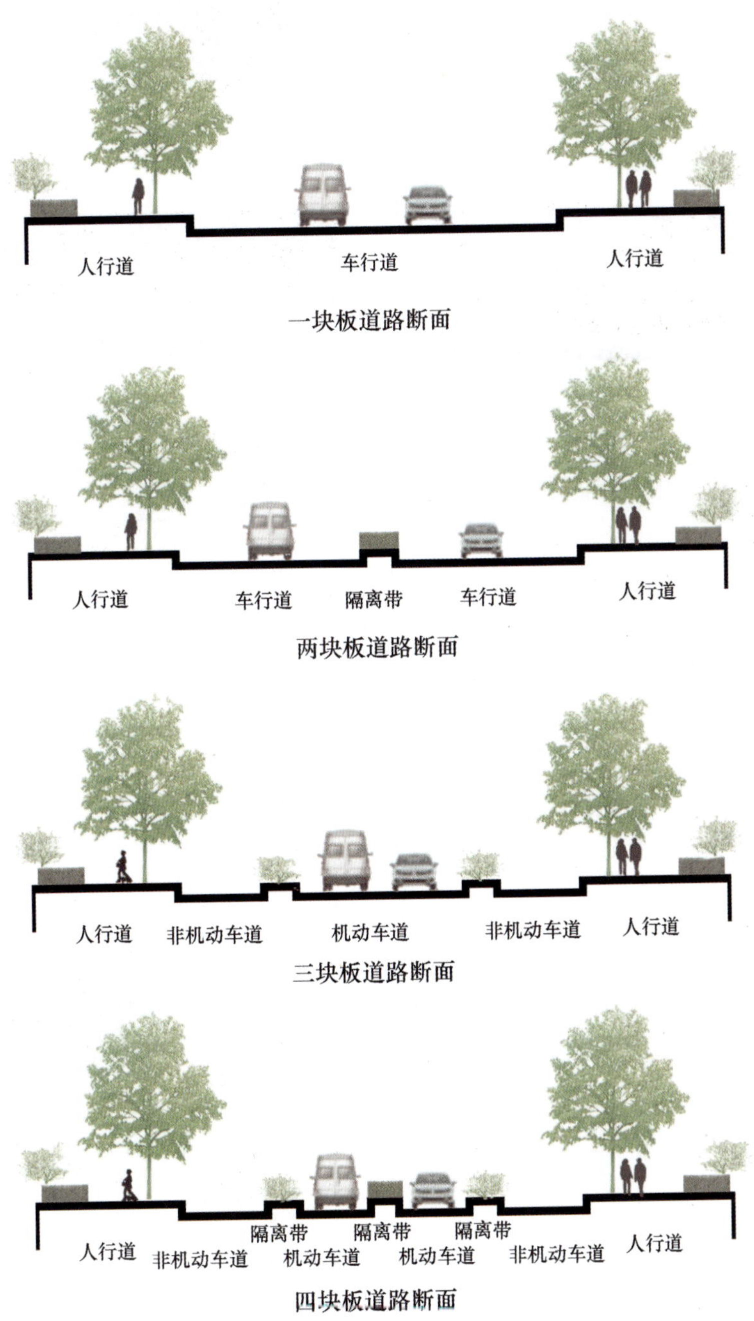

图3–58　道路断面基本形式

2. 道路绿化的作用和类型

道路绿地的植被在城市环境中具有重要的生态效益，能有效吸收空气中的粉尘、净化空气，还具备调节温度、增加湿度、降低城市热岛效应、释放氧气、降低噪声等作用。对植被进行布局设计和搭配，可以有效隔离空间、美化环境。道路绿化景观小品更是对空间进行了有效的隔离和美化。通过巧妙的布局设计和植被搭配，这些景观小品成为城市中的绿色明珠，不仅涵养了城市的绿色底蕴，还为市民提供了休憩、娱乐的好去处（见图3-59至图3-61）。

图3-59　街头造型花坛

图3-60　街头艺术小品1

图3-61　街头艺术小品2

道路绿化是道路环境建设的重要环节，道路的绿化景观是人们认识城市的重要因素。现代城市中有很多不同性质的道路，道路绿地的形式和类型也因此丰富多彩。根据不同的种植目的，道路绿化可分为景观种植和功能种植两类。

（1）景观种植

从道路环境的美学观点出发，从树种、树形、色彩及种植方式等方面研究绿化与道路、建筑协调的整体艺术效果，使绿地成为道路环境中的有机组成部分。景观种植主要是从绿地的景观角度来考虑种植形式，可以分为以下几种。

- 密林式。

密林式表现为沿路两侧有浓茂的树林，主要用乔木加灌木、常绿树和地被封闭道路两侧空间，行人和汽车进入时如入森林之中。密林式种植需要一定的种植宽度和种植密度，种植宽度一般在50m以上，其种植形式以茂密的树林为主，植物层次从下到上较为密实，也可结合地形现状和河湖、丘陵等进行布置（见图3-62和图3-63）。

图3-62　密林式道路绿化1

- 自然式。

自然式绿地主要模拟自然景色，一般沿着街道在一定宽度内布置自然树丛，通过选用不同植物或植物组合可形成不同高低、疏密和形式变化的植物组团。这种形式能很好地与附近的景观元素配合，为街道景观增添变化。如果在条状的分车带内进行自然式种植，宽度一般不小于6m（见图3-64）。

图3-63 密林式道路绿化2

图3-64 自然式种植

- 花园式。

花园式指沿道路外侧布置大小不同的绿化景观空间，设置一定的园林设施、广场、游乐场等休憩空间。此道路绿化形式多出现在与道路毗邻的街旁绿地和游园绿地中（见图3-65）。

- 滨河式。

滨河式指道路的一侧临水，空间开阔，环境优美。沿水边的道路绿化可根据绿地宽度设置不同形式的绿地空间。如果绿地窄，可单纯地进行绿化，与道路和滨水景观相融合。如果绿地宽阔，可选择风光好的绿地设置游人步道、草坪、座椅、亲水平台等设施，满足人们的活动和观景需求（见图3-66）。

图3-65 花园式道路绿化

图3-66 滨河式道路绿化

- 简易式。

简易式指沿道路两侧种植乔木或灌木，形成“一条路，两行树”，是最简单、最基础

图3-67　简易式道路绿化

的形式之一，多用于社区道路或小路等狭窄的道路（见图3-67）。

（2）功能种植

功能种植是指通过种植满足人们对道路功能的需求，如遮蔽、装饰、遮阴、降噪、防风及地面覆盖等。鉴于道路绿地功能的综合性，设计时应考虑多方面的功能需求。同时，功能种植也要考虑视觉效果，以丰富城市道路景观的层次。

● 遮蔽式种植。

遮蔽式种植是对道路景观中需要遮挡视线的部分进行绿化处理，往往运用在景观不佳的一侧，或一些不适合塑造景观的建筑物、构筑物之前。可以考虑种植枝叶密集的乔木、灌木或藤本植物（见图3-68）。

● 遮阴式种植。

道路绿化很重要的一个功能是为道路提供有效的遮阴，提高炎热季节出行的舒适度。道路绿化的作用不只是遮挡阳光，其蒸腾作用对微气候的改善同样值得关注（见图3-69）。

图3-68　遮蔽式种植

图3-69　遮阴式种植

● 防护种植。

防护种植多运用于城际交通或需要特殊防护的道路路段，例如高速公路的中央分车带绿化，可以有效防止行驶车辆意外冲撞和减弱夜晚行驶车辆照明的眩光。城市中防护绿化多用于防噪声、防风以及防雪（见图3-70）。

● 装饰种植。

装饰种植多用于建筑用地周围和道路绿化分隔带，作为局部的间隔与装饰。它不仅能作为界线的标志，还可以防止行人穿越、遮挡视线、调节通风日照、美化街景（见图3-71）。

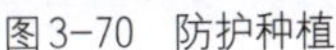
图3-70 防护种植

图3-71 装饰种植

3. 道路绿化设计原则

有效的道路绿化不仅能提升城市形象，还能改善居民的生活质量。在道路绿化设计中，遵循相关的科学原则至关重要。这些原则确保了绿化效果的持久性、美观性和实用性，能为景观设计师和规划者提供有价值的指导，从而塑造出宜人的城市道路景观。

（1）道路绿化要与城市道路的性质、功能相适应

现代化的城市道路交通已成为一个多层次、复杂的系统，城市路网由不同级别、不同性质和功能的道路组成，其中包括高速公路、快速路、城市干道等，也包括自行车系统、公共交通系统、步行系统等。因此，道路绿化的设计要根据道路环境进行，各设计要素的设置要符合不同类型道路的特点。

例如，对于交通干道、快速路、高速公路等道路，高速行驶是其重要特点，道路绿化景观的尺度、形式必须考虑速度因素。城市中心道路、商业街区等道路绿化也不宜种植过密和过于高大的树木，否则会与其繁华的特点不匹配。

（2）道路绿化要发挥生态功能

道路两侧或中间的植被具有重要的生态效益，它们不仅能大量吸收空气中的粉尘，净化空气，还具有调节气温、增加湿度、降低热岛效应、释放氧气、降低噪声的作用。一些数据显示，有绿地的街道距离地面1.5m高处的含尘量比没有绿地的街道低56.7%，而草坪的飘尘浓度仅为裸露地面的1/5；夏季有树荫的地方一般比没有树荫的地方温度低3~6℃。据测定，草坪植物的叶面积一般为地面面积的20倍左右，通过茎、叶的蒸腾作用，能使周围空气中的水分增加20%左右；植物能吸收SO_2等有害气体，并能杀灭细菌、制造氧气。

（3）道路绿化设计要符合行人行为规律和视觉特性

- 行为规律。

道路的类型、功能不同，人的出行目的和方式也不同。出行方式包括乘坐公共交通工具（如公交车、电车、地铁等）、乘坐私人交通工具（如小汽车、摩托车、自行车），以及步行。

街道上的步行者包括过路人、购物者、散步者以及游客等。上班、上学、办事的过路人往往行程时间受限，在道路上来去匆匆。他们比较注重道路的拥挤情况、步道是否平整、街道是否整洁以及过街安全性等。只有一些意外或有吸引力的事物才会引起他们的关注。购物者一般有明确的目的，他们注意商店的橱窗和招牌，有时为购买商品在街道两边

来回穿越，有过街需求。游客则有较多的观赏、观看需求，比较关注周围街道景观。

自行车骑行者的平均车速为每小时10~19km，不同的骑行目的会导致他们有不同的行为。上下班骑车者一般关心骑车安全，不会左顾右盼，偶尔观察两侧景物；而悠闲的骑车者则多看路边几米远的地方，并有赏景的需求。因此，行进速度和观察内容不同，自行车骑行者对道路环境的印象也会有区别。

目前，骑摩托车和电瓶车也是人们出行的方式，人们在骑行时由于受到速度和使用头盔的限制，往往更注重交通安全，视线重点集中于道路上，很少顾及周边风景。

我国目前小轿车的数量逐年递增，小型机动车驾驶已经成为人们最主流的交通出行方式之一。由于行驶速度更快，驾驶者对道路景观的观察更为快速和宏观。随着行驶速度的变化，驾驶者对道路景观的注意力会呈现出不同的特点，但他们的视线主要集中于车辆前方的道路，偶尔欣赏车辆两边的风景。公交车和旅游客车上的乘客则可以更多地透过车窗观赏街道两旁的景色。

综上所述，道路上的人均是在动态行进中观赏街景，由于不同的交通目的和交通手段，产生了不同的行为规律，这是道路绿化景观设计必须考虑的。

● 视觉特性。

不同道路使用者的视觉特性也是进行道路绿化景观设计的重要依据。在街道上行走或车辆低速行驶时，人看到物体细节的视场角为3° 。如果集中注意力观察物体时头部不动而转动眼球，一般眼球容易转动的角度为30° ，最大转动角度为60° 。如果看不清，在身体不动的情况下转动头部，视场角范围可扩大40° ~120° 。在街上行走或乘车时，为了扩大观察范围，还可以转动身体。

人们在道路上活动时，俯视要比仰视更自然和容易。站立者的视线俯角约为10° ，端坐俯角为15° 。如果在高处眺望道路，8° ~10° 是最舒服的视角。在速度较低的情况下，速度对视角没有明显的影响，因此对路面以上一定高度内的景物，人们的印象比较深刻，而对这段高度外的景物，人们的印象较为模糊。

资料显示：汽车行驶时车速提高，司机视野变窄、注意力集中点距离变大、清楚辨认前方距离缩小，而两侧距离加大。车速为95km/h时，司机注意力集中点距离约为540m，司机清楚辨认前方距离缩小；汽车以60km/h行驶时，司机可看清前方约240m处的标志；汽车以80km/h行驶时，司机可看清前方约160m处的标志（在有负荷的情况下，由中科院心理研究所测定），司机清楚辨认两侧距离加大；汽车以64km/h行驶时，司机能看清距离车厢约24m以外物体；汽车以90km/h行驶时，司机能看清距离车厢约33m以外的物体。相较于步行者、骑行者，车厢内司机的视线受到车窗尺寸的限制，形成多处死角，同时其夜间视野又受到头灯角度及中心光束等的限制。

设计师应根据道路性质、各种用路者的比例，做出符合现代交通条件下视觉特性与规律的绿化设计。

（4）道路绿化与其他街道景观元素要协调

道路绿地除了满足特殊功能要求，还应将道路性质、街道建筑、气候及社会人文环境作为道路环境的一部分进行考虑，这样才能获得良好的景观效果。采用不同的道路绿化方式将有助于加强道路特征，区分不同地区的不同道路，形成特色鲜明的城市景观，并增强可识别性（见图3-72）。优秀的道路绿化景观甚至可以成为城市的标志性景点。

图3-72　不同的行道树塑造不同地域风格的城市道路景观

在城市道路上，人们主要通过乘坐汽车、骑行和步行等动态方式观察城市，因此，设计时要考虑速度因素。此外，街道的宽窄给人的空间视觉感受截然不同。街道绿地的景观布局、绿化和设施的配置、节奏以及色彩等的变化都应与街道的空间尺度相协调（见图3-73和图3-74）。

图3-73　街景小品设施和绿化相协调

图3-74　新颖构筑物与绿化相协调

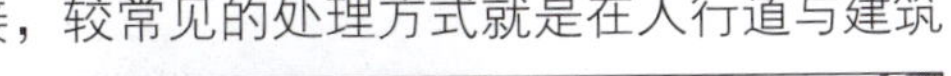

道路与建筑可用绿化作为缓冲进行有机连接，较常见的处理方式就是在人行道与建筑之间进行绿化装饰。这样的空间是富有魅力的，既展现了街道绿地，又对住宅或其他公共建筑进行了装点和衬托（见图3-75）。

图3-75　道路与建筑之间的绿化装饰

道路绿地还应与周围的地形协调，靠近山地、河湖、丘陵的绿地应进行特殊处理。城市的地形特征会使城市景观极具个性，而道路作为城市的骨架，就需要与地形尽量融合，以形成道路与地形特征相适应的视觉特性。城市的地形（如水面、台地）可以丰富城市面貌，并创造有特征、有个性的城市。设计师只有充分认识自然景观的特征，才能设计出与地形融合的道路。

总之，城市道路绿化要与各种街道景观元素相协调，与城市自然景色、历史文物以及现代建筑有机结合，把道路与环境作为一个景观整体加以考虑并做出一体化的设计。

（5）道路绿化的植物选择要适宜

进行道路绿化种植设计时，需要根据道路空间、用路者的视觉特性及观赏要求，处理好绿化的间距、树木的品种、树冠的形状以及树木成年后的高度及修剪等问题。

不同城市还应尽可能选择有特色的绿化植物塑造特色景观。一些城市的市花、市树很有代表性，如南京的雪松，南方城市的棕榈、榕树等，都使得道路绿地富有地域特色。同时，绿化植物品种的选择也应避免单一化，在考虑城市整体特色的同时应尽可能丰富道路绿化植物品种，使城市更加丰富多彩（见图3-76和图3-77）。

图3-76　植物品种丰富的道路绿化

图3-77　植物层次丰富的道路绿化

此外，城市道路级别不同，绿地景观也应有所区别。主要城市干道绿化标准应较高，形式丰富多样；而次要干道或一些小路的绿化带可相应减少，形式简单。

（6）道路绿化要与城市综合基础设施进行配合

道路交通的便捷性、安全性是至关重要的，绿化时要充分考虑交通安全，如道路绿地中的植物枝叶不能遮挡汽车司机一定距离内的视线，不应遮蔽交通管理标志，行道树要保证合理的分支点高度等。

道路附属设施（如停车场、加油站等）是道路系统的组成部分，是根据道路网布置的，并依照需求服务于一定范围；而道路照明则按路线、交通枢纽布置。它们对提高道路系统服务水平的作用显著，同时也是道路景观的组成部分。道路绿化还需要充分考虑天桥、地下通道出入口、路灯、各类通风口等地上设施，还需要与地下管线、地下构筑物以及地下沟渠等相互配合。

（7）道路绿化设计要考虑城市土壤条件、养护管理水平等

城市土壤成分比较复杂，城市景观植物的种植和生长会受到限制，因此更需要良好的设计和管理维护。这些因素也是城市道路绿地景观需要充分考虑和兼顾的因素。只有处理好这些问题，才能保持道路绿化景观的可持续发展。

4. 道路绿化设计的内容和形式

接下来将深入研究道路绿化设计的多元内容和多样形式，通过对关键要素的探讨，揭示道路绿化设计的内涵和外延。无论是令人驻足的城市街景，还是通畅而宜人的交通流线，内容和形式的双重考量都在道路绿化的实践中发挥着关键作用（见图3-78）。

（1）道路绿地

道路绿地包括分车绿带、行道树绿带、路侧绿带、交通岛绿地等（见图3-79）。

图3-78　城市道路绿化与街道绿地

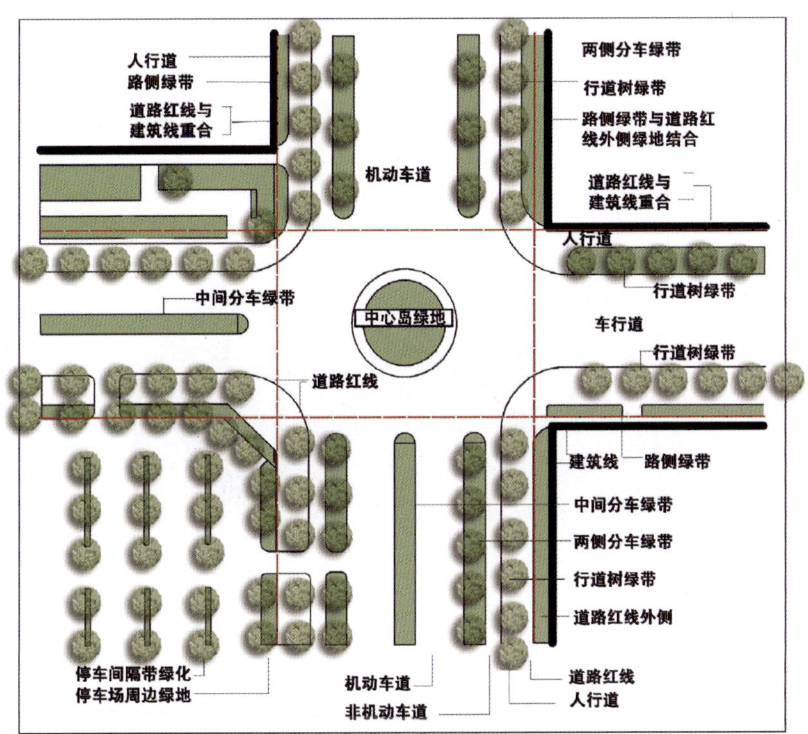

图3-79　道路绿地各部分名称与位置示意

● 行道树绿带设计。

行道树是街道绿化基本且重要的组成部分，沿道路种植一行或几行乔木，是街道绿化最普遍的形式。根据气候特点，北方多用落叶树作为行道树，南方多用常绿树作为行道树。这些树种均能体现浓郁的地方特色，反映不同的城市风光。同一地区的不同街道可以种植不同的行道树，这样可以形成道路特征，增强不同道路的可识别性。但同一条道路一般以一种行道树为主，辅以其他树种或绿化植物形成道路绿化景观。

图3-80 行道树的种植点及分枝点都应满足规范

为保证乔木及其他植物的正常生长，在进行道路绿化设计时应留出1.5m以上的种植带或种植池。行道树绿带设计应注重连续性，以行道树为主要植物。行道树的最小种植株距为4m，树干中心到路缘外侧距离不得小于0.75m（见图3-80）。

行道树还应保证足够的间距。从树木的生长需要和使用者的观赏角度来看，间距不宜过小，一般大乔木的间距控制在4～8m。行道树的分支点也应根据道路过往车辆的净高进行充分考虑，一般控制在4m以上。同时，树种要耐修剪、易整形，以便形成统一、美观的道路景观并能较好地控制树木体量和高度。行道树选择标准：①树冠冠幅大、枝叶密；②抗性强，耐瘠薄土壤、耐寒、耐旱；③寿命长；④深根性；⑤病虫害少；⑥耐修剪；⑦落果少，或没有飞絮；⑧发芽早，落叶晚。

● 分车绿带设计。

分车绿带指车行道之间可以绿化的隔离带。其中，位于上下行机动车道之间的是中间分车绿带，位于机动车道和非机动车道之间或同方向机动车道之间的是两侧分车绿带（见图3-81）。

图3-81 宽阔的分车绿带

分车绿带的植物布置形式应以简约风格为主，保证树形整齐、排列一致。如果种植乔木，则分车绿带的宽度不得小于1.5m，城市主干道的分车绿带宽度应大于2.5m，行道树绿带宽度不得小于1.5m。

主干道、次干道中间的分车绿带和交通岛绿地应布置成封闭式绿地。中间分车绿带可以阻挡对面车辆行驶时的眩光，在距离相邻机动车道路面0.6～1.5m的范围内，植物应常年枝叶茂密，株距不得大于冠幅的5倍。

两侧分车绿带宽度大于1.5m的，应以乔木为主，并辅以灌木和地被植物。两侧分车绿带宽度小于1.5m的，应以灌木为主，辅以地被植物。

● 路侧绿带设计。

在道路侧方，布置在人行道边缘至道路红线之间的绿带称为路侧绿带（见图3-82）。

路侧绿带需要根据邻近地块的性质和景观要求进行设计，并保持一定的连续性。如果路侧绿带宽度大于8m，可以设计成开放式绿地，并保证其绿化用地面积不得小于该路侧绿带总面积的70%。

● 交通岛绿地设计。

交通岛绿地是被绿化的交通岛用地，包括中心岛绿地、导向岛绿地和立体交叉绿岛（见图3-83）。

图3-82 路侧绿带

图3-83 交通岛绿地

交通岛绿地一般布置成封闭式绿地，其周围的植物应该具有导向作用，在行车视距范围内采用通透式植物配置手法。中心岛绿地应布置为装饰绿地，并保证各个路口之间的行车视线通透。导向岛绿地应配置地被植物。立体交叉绿岛除了地被植物外，可以适当地点缀树丛、孤植树和花灌木，在墙面进行垂直绿化，桥下种植耐阴地被植物。

● 道路绿地率。

道路绿地率是绿地面积与道路面积的比值，反映的是绿化水平的高低。在规划道路的红线宽度时，应当确定道路绿地率。根据相应的规范，园林景观路的绿地率一般不小于40%，红线宽度大于50m的道路绿地率不小于30%，红线宽度为40～50m的道路绿地率不小于25%，红线宽度小于40m的道路绿地率不小于20%。结合具体的道路立地条件，设计师需要灵活、合理地布置绿地（见图3-84）。

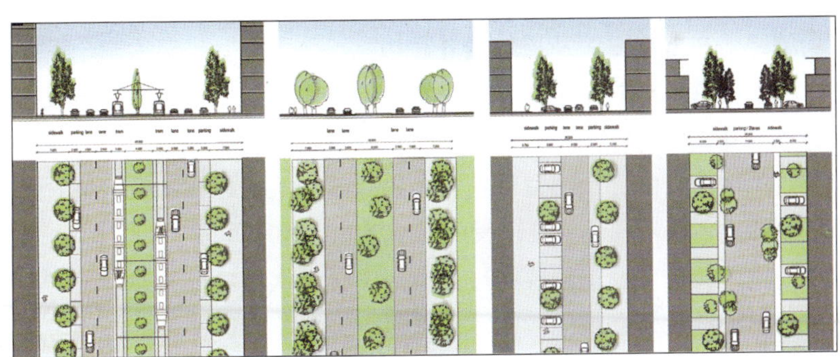

图3-84 不同类型道路的绿地布置

（2）高速公路绿化设计

随着城市交通的快速发展，高速公路越来越多、越来越长。这种供汽车高速行驶的道路在绿化上与一般道路不同，功能和景观问题也比较特殊。高速公路绿化设计内容主要涉及以下几个方面。

- 视线诱导种植。

视线诱导种植通过绿地种植来预示或预告线性的变化，以引导驾驶人员安全操作，提高快速交通下的安全性。这种诱导表现在平面上的曲线转弯方向、纵断面上的线形变化等方面。因此，这种种植要有连续性，以反映线形变化，同时树木也应有适宜的高度和位置，以起到提示作用。

- 遮光种植。

遮光种植也叫防眩种植。车辆在夜间行驶时，灯光容易引发眩光。在高速道路上，由于对向行驶速度高，这种由车灯照射引起的眩光往往会妨碍司机驾驶，影响行车安全。遮光种植应根据司机视线高和前车灯的照射角度，对植物种植的间距、高度提出要求。树高由司机视线高决定。对于小轿车，树高需在150cm以上，大轿车则需树高在200cm以上。但树过高会影响视界，同时导致空间不够开敞。

- 适应明暗的种植。

当汽车进入隧道时，明暗急剧变化，司机的眼睛会有一瞬间不能适应，看不清前方。一般可以考虑在隧道入口处种植高大树木，以使侧方光线形成明暗的参差阴影。

- 缓冲种植。

目前有些路边设有路栅和防护墙，但往往发生冲撞时，车体和司机均会受到很大伤害。如果采用弹性的、具有一定强度的防护设施，同时种植又宽又厚的绿篱或树群，则可以产生较好的缓冲效果，以免车体和司机受到大的伤害。

- 其他种植。

高速公路的其他种植形式包括为了防止危险而禁止出入穿越的种植、坡面防护的种植、遮挡不雅景观的背景种植、防噪声种植以及点缀路边风景的装饰种植等。

以上高速公路的绿化设计充分考虑了现代交通条件下快速交通对绿地的要求，以及绿地与高速公路景观的协调等因素，它同样适用于以汽车为主要交通工具的城市交通干道。

（3）立体交叉的绿地设计

立体交叉又称互通式立交，是指设跨线构造物使相交道路空间分离，且上、下道路间通过匝道连接，以供转弯车辆行驶的交叉方式。互通式立交区域往往环绕着大片绿地，称为绿岛。绿岛的绿地布置需要服从该处的交通功能，使司机有足够的安全视距。例如，出入口可以有作为指示性标志的种植，使司机看清入口；弯道外侧最好种植成行的乔木，以引导司机的行车方向，同时使司机有安全感。但在匝道和主次干道汇合的顺行交叉处，不宜种植遮挡视线的树木。绿岛上不宜种植过高的绿篱和大量的乔木，以免给人阴暗郁闭的感觉。其种植设计应主要考虑观赏性，辅以对生态功能和空间设计的考虑（见图3-85）。

道路景观环境是城市环境的重要组成部分，这种带状环境是城市印象的主要来源。道路景观是多种城市设计元素协调的艺术。现代城市道路与环境的设计必须考虑城市现代交通条件，将功能与美观结合起来，使道路与环境成为一个景观整体。

图 3-85　立体交叉绿化

3.2.3　项目实施：道路绿化景观设计

道路绿化设计方案从前期规划到后期维护，涵盖了选择适宜的植被、构建景观元素、考虑生态因素以及合理管理等方面。这些实施步骤的有机结合，不仅能够实现景观美化，还有助于改善空气质量、提高城市居民的生活质量。本小节通过深入研究道路绿化景观方案的实际操作，为读者提供了将理念转化为现实的实用建议，旨在营造出绿色、有活力且兼具人文特色的城市道路景观。

1. 场地调查和分析

对各等级道路进行实地调查，分析其功能和性质，对其绿化现状进行调查和测绘。在要求范围内选定等级道路（教师根据课程要求进行把关，可考虑以主干道、次干道为主要改造对象，或者根据实际项目需求选定改造路段），进行场地调研，并绘制现状分析图（地形图，建筑物、植被和道路现状等）；分析场地周围建筑及交通情况；分析基地的自然特征，确定可利用和需改造的要素；了解地域历史文化传统、民风民俗、城市格局、建筑特色、气候条件等。找出设计问题，提出解决策略（见图 3-86 和图 3-87）。

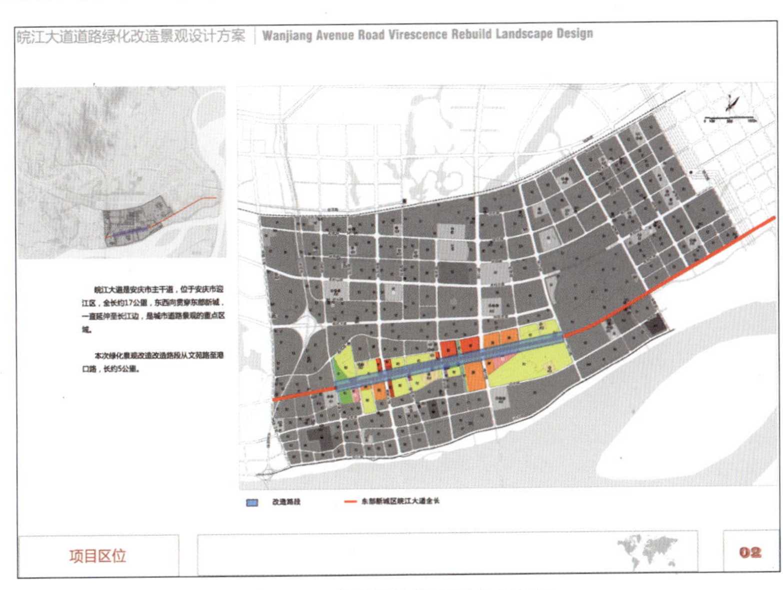

图 3-86　道路绿化设计区位分析图

图3-87　道路绿化现状分析图

2. 方案构思立意

根据道路的等级性质、绿地组成及周边环境、交通状况等因素，确定各绿地、绿带的范围宽度，合理配置绿化及设施。确定道路绿化的整体结构功能和风格特点，力求设计能反映城市的地域特点和风貌；绘制平面设计草图（见图3-88和图3-89）。

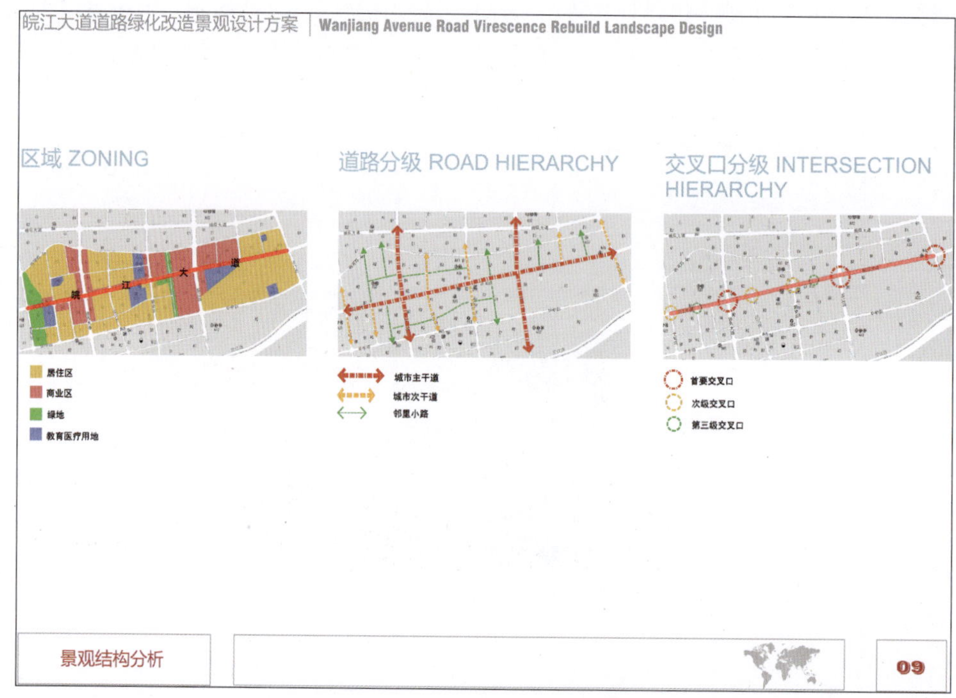

图3-88　道路绿化结构分析图

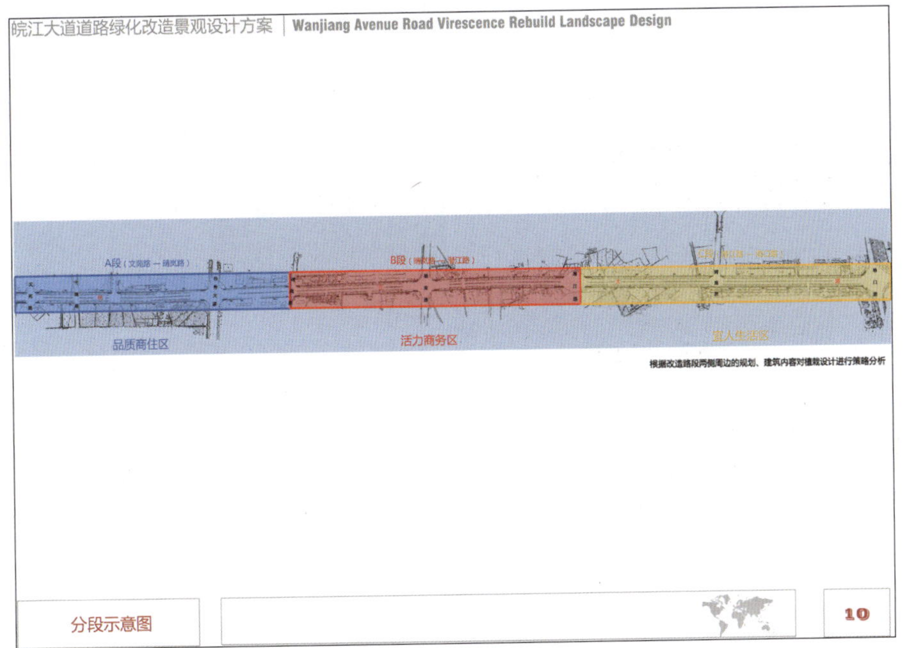

图3-89　绿化设计主题及策略

3. 方案深化

注意道路的立地环境，植物种类的选择要满足道路设计的规范要求，考虑以滞尘、抗污染的植物为主；注意道路各绿化带的具体要求和设计规范，利用植物满足视线通透、分隔、动态视觉效果以及防眩光等功能要求；在植物搭配方面，注意绿化的层次需求；注意植坛的形状、色彩，以及乔木、灌木的种植间距等。力求构筑美观、生态且具有城市地域特征的道路绿化景观（见图3-90和图3-91）。

图3-90　道路植物种植策略

图 3-91　道路绿化隔离带分项策划

4. 图纸绘制

- 技术图纸绘制：道路标准段绿化平面图、断面图（见图3-92）。
- 效果图纸：鸟瞰图、主要景点局部效果图（见图3-93至图3-96）。
- 后期排版：汇报文本一册（A3图纸）或制作设计版面（A1图纸两张）。

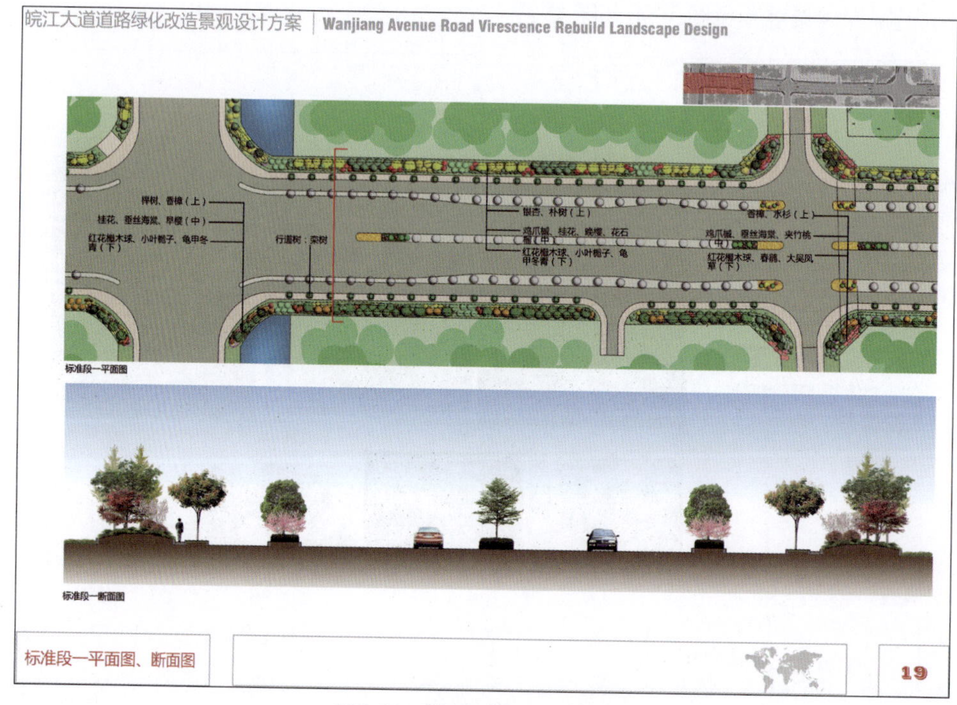

图 3-92　道路标准段绿化平面图

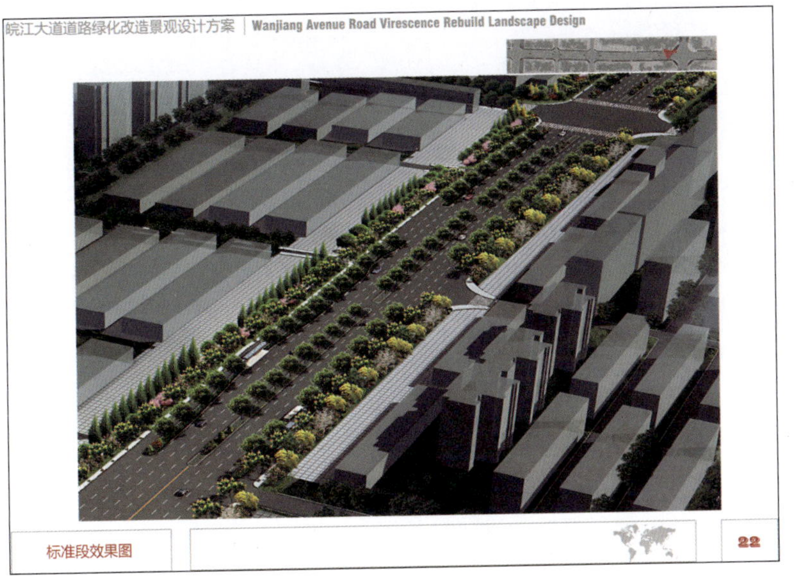

图 3–93　鸟瞰图

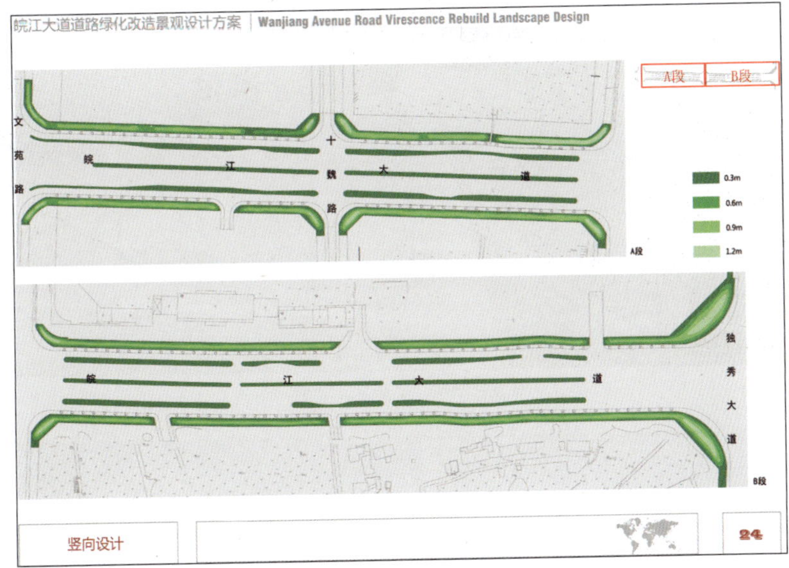

图 3–94　道路竖向设计

图 3–95　交通岛绿化设计（唐晖设计）

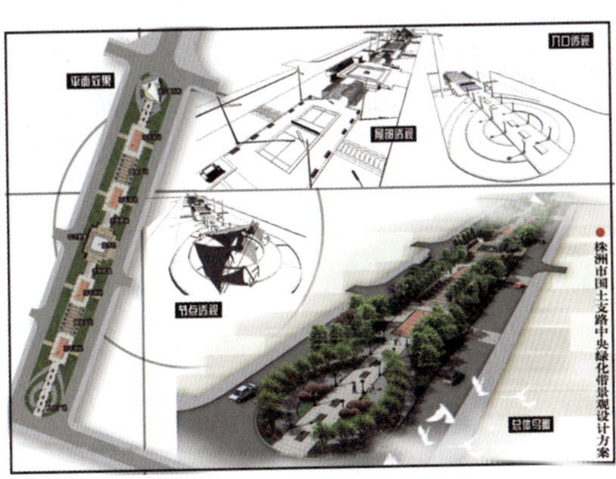

图 3–96　道路绿化设计方案（唐晖设计）

3.2.4 知识拓展

扫描右侧二维码，观看微课视频，学习景观设计相关知识。

3.3 城市公园绿地景观设计

“公园绿地”是城市中向公众开放的、以游憩为主要功能，有一定的游憩设施和服务设施，同时兼有健全生态、美化景观、科普教育、应急避险等综合功能的绿化用地。它是城市建设用地、城市绿地系统和城市绿色基础设施的重要组成部分，是衡量城市整体环境水平和居民生活质量的一项重要指标。本节将对城市中与人们日常生活、出行、休闲等活动密切相关的公园绿地的景观空间进行分析设计，致力于建造带给人舒适、轻松、愉悦、安全、自由等感受，并满足生态可持续发展的宜人都市环境（见图3-97至图3-99）。

图3-97　北京大兴公园

图3-98　南京河西生态公园

图3-99　深圳上步绿廊公园带

3.3.1 城市公园绿地景观设计任务书

通过学习本小节内容，学生可以掌握城市公园绿地景观的基本概念和设计理论；了解相关设计规范和标准；掌握城市公园绿地景观设计的具体内容和方法。本小节重点关注公园绿地景观的总体规划布局，倡导“生态设计”“低碳设计”“可持续发展”等先进设计理念；注重景观要素的设计，包括绿化植物种类知识及配植方法，景观小品、设施的设置方式和方法，山石、水体景观的类型和设计等；培养学生综合分析和创意设计的能力，提升学生的生态环境认知和景观审美水平。

1. 项目描述

本项目以城市公园绿地为场地背景，具体设计项目如下。

- 城市游园或广场绿地景观设计（面积控制在5000m²以内，适合初级入门学习者）。
- 城市专类公园或社区公园景观设计（面积宜控制在1hm²以内，适合进阶学习者）。

2. 设计要求

明确公园绿地的类型及规模，合理设置场地设施及内容；注重景观场地布局的合理性、交通的便捷性；设计体现城市绿地景观的自然性和地域文化氛围，贯彻生态及美学原则；注重突出绿地的生态功能和游憩功能；发挥设计创意，突出设计主题（见图3-100至图3-102）。

图3-100 绍兴mini超新星社区公园

图3-101 郑州古树苑

图3-102 嘉兴南湖公园

3. 作业图纸内容及要求

（1）图纸内容

- 规划地段位置及现状分析图。图纸比例1：2000～1：500，标明场地在城市的位置以及与周边地区的关系。
- 公园设计总平面图及各类分析图。图纸比例1：1000～1：300，标明规划建筑位置、绿地范围、道路交通、景观节点、功能分区等具体内容，标明竖向标高、坡度等，进行使用人群的行为分析。
- 种植设计图及节点大样扩初图。图纸比例1：500～1：100，标明植物种类、种植位置、数量及规格，标明铺装、水体、景观小品设施等景观要素的内容、位置、尺寸。
- 主要景点立面图或剖面图。图纸比例1：500～1：100，标明主要建筑物或构筑物高度，表达清楚地形变化及景观要素的相互关系。
- 效果图。包括总体鸟瞰图、重要景观节点的局部效果图若干。

（2）图纸要求

- 设计文本一套，标准参考A4尺寸，编排成图册。
- 版面2张，标准不小于A0尺寸（841mm×1189mm）。

4. 作业进度安排

- 1～8学时：学习理论知识，明确设计任务，进行场地分析和案例分析。
- 9～16学时：设计构思，绘制现状分析图；设计初步草稿方案，并讲评。
- 17～24学时：完成草稿方案的修改，讲评，制作方案模型，深化并完善总体方案。
- 25～48学时：绘制彩平图、剖立面图等技术图纸，进行软件建模。
- 49～60学时：继续完善成果图纸，绘制效果图，进行后期美术效果处理并排版。
- 61～64学时：进行课程及方案成果汇报、讲评。

5. 参考资料

- GB 51192—2016《公园设计规范》。
- 《现代城市绿地系统规划》，李敏著，由中国建筑工业出版社出版。
- 《城市公园设计》，［加］艾伦·泰特著，周玉鹏等译，由中国建筑工业出版社出版。
- 《公园绿地规划设计》，封云、林磊编著，由中国林业出版社出版。

3.3.2 知识准备：了解城市公园绿地景观设计

在城市公园绿地景观的规划与设计中，将自然元素与人文特色有机融合，可以创造出令人流连忘返的宜人环境。本小节将探讨城市公园绿地的概念和分类，阐述城市公园绿地景观设计的重要性，以及其在提升城市形象、促进社会互动、培育健康生活方式等方面的积极作用，进而揭示绿地景观设计对塑造宜居城市的不可或缺性（见图3-103至图3-107）。

图3-103 具有几何美学的南通中央公园

图3-104 小区游园中的风车雕塑

图3-105 丰田市立美术馆

图3-106 长春万科蓝山社区街头公园

图3-107 德国Kurwaldpark

1. 城市公园绿地概述

《辞海》中对绿地的解释为：种植乔木、灌木、花卉、草本及地被植物而形成的一定范围的绿化地面或地区，包括公共绿地、专有绿地和生产绿地等。相对于其他类型的绿地，为居民提供绿化环境良好的户外游憩场所是“公园绿地”的主要作用。“公园绿地”的名称直接体现了这类绿地的功能，它不是“公园”和“绿地”的简单叠加，也不是公园和其他类型绿地的并列，而是对具有公园作用的多种绿地的统称。

自2018年起实施的《城市绿地分类标准》对公园绿地的中类和小类进行了内容调整（见表3-1）。

表3-1　绿地分类

类别代码			类别名称	内容	备注
大类	中类	小类			
G1			公园绿地	向公众开放，以游憩为主要功能，兼具生态、景观、文教和应急避险等功能，有一定游憩和服务设施的绿地	—
	G11		综合公园	内容丰富，适合开展各类户外活动，具有完善的游憩和配套管理服务设施的绿地	规模宜大于10hm²
	G12		社区公园	用地独立，具有基本的游憩和服务设施，主要为一定社区范围内居民就近开展日常休闲活动服务的绿地	规模宜大于1hm²
	G13		专类公园	具有特定内容或形式，有相应的游憩和服务设施的绿地	—
		G131	动物园	在人工饲养条件下，移地保护野生动物，进行动物饲养、繁殖等科学研究，并供科普、观赏、游憩等活动，具有良好设施和解说标识系统的绿地	—
		G132	植物园	进行植物科学研究、引种驯化、植物保护，并供观赏、游憩及科普等活动，具有良好设施和解说标识系统的绿地	—
		G133	历史名园	体现一定历史时期代表性的造园艺术，需要特别保护的园林	—
		G134	遗址公园	以重要遗址及其背景环境为主形成的，在遗址保护和展示等方面具有示范意义，并具有文化、游憩等功能的绿地	—
		G135	游乐公园	单独设置，具有大型游乐设施，生态环境较好的绿地	绿化占地比例应大于或等于65%
		G139	其他专类公园	除以上各种专类公园外，具有特定主题内容的绿地。主要包括儿童公园、体育健身公园、滨水公园、纪念性公园、雕塑公园以及位于城市建设用地内的风景名胜公园、城市湿地公园和森林公园等	绿化占地比例宜大于或等于65%
	G14		游园	除以上各种公园绿地外，用地独立，规模较小或形状多样，方便居民就近进入，具有一定游憩功能的绿地	带状游园的宽度宜大于12m；绿化占地比例应大于或等于65%
G2			防护绿地	用地独立，具有卫生、隔离、安全、生态防护功能，游人不宜进入的绿地。主要包括卫生隔离防护绿地、道路及铁路防护绿地、高压走廊防护绿地、公共设施防护绿地等	—

续表

类别代码			类别名称	内容	备注
大类	中类	小类			
	G3		广场用地	以游憩、纪念、集会和避险等功能为主的城市公共活动场地	绿化占地比例宜大于或等于35%；绿化占地比例大于或等于65%的广场用地计入公园绿地
	XG		附属绿地	附属于各类城市建设用地（除“绿地与广场用地”）的绿化用地。包括居住用地、公共管理与公共服务设施用地、商业服务业设施用地、工业用地、物流仓储用地、道路与交通设施用地、公用设施用地等用地中的绿地	不再重复参与城市建设用地平衡
	RG		居住用地附属绿地	居住用地内的配建绿地	—
	AG		公共管理与公共服务设施用地附属绿地	公共管理与公共服务设施用地内的绿地	—
	BG		商业服务业设施用地附属绿地	商业服务业设施用地内的绿地	—
	MG		工业用地附属绿地	工业用地内的绿地	—
	WG		物流仓储用地附属绿地	物流仓储用地内的绿地	—
	SG		道路与交通设施用地附属绿地	道路与交通设施用地内的绿地	—
	UG		公用设施用地附属绿地	公用设施用地内的绿地	—

2. 公园用地比例和设施标准

公园内部的用地包括园路和铺装场地、管理建筑用地、游览休憩（含公用建筑）用地和绿化用地（见图3-108至图3-111）。公园用地比例应根据公园类型和陆地面积确定，其绿化、建筑、园路及铺装场地等用地的比例应符合规定（见表3-2和表3-3）。

图3-108　上海世博后滩湿地公园里的雕塑

图3-109　新加坡城市公园内的休憩场所

图3-110　公园里的游乐设施

图3-111　喷泉营造公园活泼氛围

表3-2　公园用地比例

陆地面积 A_1/hm^2	用地类型	公园类型/%					
		综合公园	专类公园			社区公园	游园
			动物园	植物园	其他专类公园		
A_1＜2	绿化	—	—	＞65	＞65	＞65	＞65
	管理建筑	—	—	＜1.0	＜1.0	＜0.5	—
	游憩建筑和服务建筑	—	—	＜7.0	＜5.0	＜2.5	＜1.0
	园路及铺装场地	—	—	15～25	15～25	15～30	15～30
2≤A_1＜5	绿化	—	＞65	＞70	＞65	＞65	＞65
	管理建筑	—	＜2.0	＜1.0	＜1.0	＜0.5	＜0.5
	游憩建筑和服务建筑	—	＜12.0	＜7.0	＜＜5.0	＜2.5	＜1.0
	园路及铺装场地	—	10～20	10～20	10～25	15～30	15～30
5≤A_1＜10	绿化	＞65	＞65	＞70	＞65	＞70	＞70
	管理建筑	＜1.5	＜1.0	＜1.0	＜1.0	＜0.5	＜0.3
	游憩建筑和服务建筑	＜5.5	＜14.0	＜5.0	＜4.0	＜2.0	＜1.3
	园路及铺装场地	10～25	10～20	10～20	10～25	10～25	10～25
10≤A_1＜20	绿化	＞70	＞65	＞75	＞70	＞70	—
	管理建筑	＜1.5	＜1.0	＜1.0	＜0.5	＜0.5	—
	游憩建筑和服务建筑	＜4.5	＜14.0	＜4.0	＜3.5	＜1.5	—
	园路及铺装场地	10～25	10～20	10～20	10～20	10～25	—
20≤A_1＜50	绿化	＞70	＞65	＞75	＞70	—	—
	管理建筑	＜1.0	＜1.5	＜0.5	＜0.5	—	—
	游憩建筑和服务建筑	＜4.0	＜12.5	＜3.5	＜2.5	—	—
	园路及铺装场地	10～22	10～20	10～20	10～20		—

续表

陆地面积 A_1/hm^2	用地类型	公园类型/%					
		综合公园	专类公园			社区公园	游园
			动物园	植物园	其他专类公园		
$50 \leqslant A_1 < 100$	绿化 管理建筑 游憩建筑和服务建筑 园路及铺装场地	>75 <1.0 <3.0 8~18	>70 <1.5 <11.5 5~15	>80 <0.5 <2.5 5~15	>75 <0.5 <1.5 8~18	— — — —	— — — —
$100 \leqslant A_1 < 300$	绿化 管理建筑 游憩建筑和服务建筑 园路及铺装场地	>80 <0.5 <2.0 5~18	>70 <1.0 <10.0 5~15	>80 <0.5 <2.5 5~15	>75 <0.5 <1.5 5~15	— — — —	— — — —
$50 \leqslant A_1 < 100$	绿化 管理建筑 游憩建筑和服务建筑 园路及铺装场地	>80 <0.5 <1.0 5~15	>75 <1.0 <9.0 5~15	>80 <0.5 <2.0 5~15	>80 <0.5 <1.0 5~15	— — — —	— — — —

注：1. 本表引自GB51192-2016《公园设计规范》。

2. "—"表示不作规定；上表中管理建筑、游憩建筑和服务建筑的用地比例是指其建筑占地面积的比例。

表3-3　公园设施项目的设置

设施类型	设施项目	陆地面积 A_1/hm^2						
		$A_1<2$	$2 \leqslant A_1 < 5$	$5 \leqslant A_1 < 10$	$10 \leqslant A_1 < 20$	$20 \leqslant A_1 < 50$	$50 \leqslant A_1 < 100$	$A_1 \geqslant 100$
游憩设施（非建筑类）	棚架	○	●	●	●	●	●	●
	休息座椅	●	●	●	●	●	●	●
	游戏健身器材	○	○	○	○	○	○	○
	活动场	●	●	●	●	●	●	●
	码头	—	—	—	○	○	○	○
游憩设施（建筑类）	亭、廊、厅、榭	○	○	●	●	●	●	●
	活动馆	—	—	—	—	○	○	○
	展馆	—	—	—	—	○	○	○
服务设施（非建筑类）	停车场	—	○	○	●	●	●	●
	自行车存放处	●	●	●	●	●	●	●
	标识	●	●	●	●	●	●	●
	垃圾箱	●	●	●	●	●	●	●
	饮水器	○	○	○	○	○	○	○
	园灯	●	●	●	●	●	●	●
	公用电话	○	○	○	○	○	○	○
	宣传栏	○	○	○	○	○	○	○
服务设施（建筑类）	游客服务中心	—	—	○	○	●	●	●
	厕所	○	●	●	●	●	●	●
	售票房	○	○	○	○	○	○	○
	餐厅	—	—	○	○	○	○	○
	茶座、咖啡厅		○	○	○	○	○	○
	小卖部	○	○	○	○	○	○	○
	医疗救助站	○	○	○	○	○	●	●

续表

设施类型	设施项目	陆地面积A_1/hm^2						
		$A_1<2$	$2\leq A_1<5$	$5\leq A_1<10$	$10\leq A_1<20$	$20\leq A_1<50$	$50\leq A_1<100$	$A_1\geq 100$
管理设施（非建筑类）	围墙、围栏	○	○	○	○	○	○	○
	垃圾中转站	—	—	○	○	●	●	●
	绿色垃圾处理站	—	—	—	○	○	●	●
	变配电所	—	—	○	○	○	○	○
	泵房	○	○	○	○	○	○	○
	生产温室、荫棚	—	—	○	○	○	○	○
管理设施（建筑类）	管理办公用房	○	○	○	●	●	●	●
	广播室	○	○	○	●	●	●	●
	保安监控室	○	●	●	●	●	●	●
管理设施	应急避险设施	○	○	○	○	○	○	○
	雨水控制利用设施	●	●	●	●	●	●	●

注：1. 本表引自GB51192-2016《公园设计规范》。
2. “●”表示应设；“○”表示可设；“—”表示不需要设置。

3. 城市公园绿地景观设计的内容和要点

绿地代表着生命，被称作“城市之肺”。城市绿地对改善城市生态环境具有重要作用，同时为人们提供户外休闲娱乐的场所。在城市中系统配置绿地的思想是随着人们对城市功能的再认识逐步形成的。当代城市公园绿地景观设计是一个多学科交融的过程，设计中要注重实现景观设计与城市、自然发展的动态平衡（见图3-112和图3-113）。

图3-112 绿意盎然的城市公共绿地

图3-113 植被覆盖的“城市绿洲”

城市公园绿地景观设计必须以创造优美的绿色环境为基本任务，并根据公园类型确定其特有的内容。其具体内容主要包括总体设计、地形设计、园路设计、种植设计4个方面。

（1）总体设计

总体设计包括平面布局和竖向控制。其具体任务包括根据公园性质和现状条件，进行功能景区的划分，进行总体平面布局；进行园路系统的规划布局，确定主、次入口的位置和大小，保证园路系统的通畅、合理和便捷；确定建筑的位置、高度、基本平面形式及其他建筑设施的位置和形式；分析气候和土壤状况，确定园区内植物的分区规划和分布；综合考虑地形标高、建筑物高度、景观视线以及排水等因素，确定公园主要景物高程和地形变化。

（2）地形设计

地形设计的目的是创造优美、合理的地形，是园路设计、种植设计和建筑物设施设计顺利进行的基础。公园内地形设计应根据总体设计确定的高程进行，并考虑排水和景观因素（见图3-114、图3-115和表3-4）。

图3-114　公园内的草坡看台

图3-115　起伏的地形丰富活动空间

表3-4　各类地表排水坡度

地表类型	最小坡度/%
草地	10
运动草地	0.5
栽植地表	0.5
铺装场地	0.3

注：本表引自GB51192-2016《公园设计规范》。

（3）园路设计

园路的形态一般有直线式和曲线式两种。直线式园路一般位于平坦的地形上，由于到达目的地的距离短，有利于疏散游客、方便游客通行；一些宽阔的园路还具有景观轴线的作用，体现宏伟壮观的景象。曲线式园路适合坡地丘陵，也可以构筑在平坦的地形上，沿路布置不同的景物，形成步移景异的效果（见图3-116至图3-118）。

图3-116　别具一格的园路设计

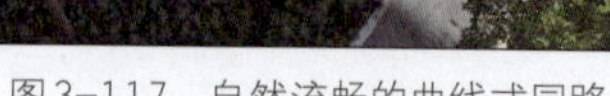

图3-117　自然流畅的曲线式园路

图3-118　园路周围丰富的植被绿化

根据承担的功能和宽度，园路有等级的划分（见表3-5）。

表3-5　园路宽度

园路级别	公园总面积A/hm²			
	A<2	2≤A<10	10≤A<50	A≥50
主路/m	2.0~4.0	2.5~4.5	4.0~5.0	4.0~7.0
次路/m	—	—	3.0~4.0	3.0~4.0
支路/m	1.2~2.0	2.0~2.5	2.0~3.0	2.0~3.0
小路/m	0.9~1.2	0.9~2.0	1.2~2.0	1.2~2.0

注：本表引自GB51192-2016《公园设计规范》。

（4）种植设计

公园绿地最大的特点是植被覆盖率远高于其他建设用地。种植设计是公园绿地设计的主要内容，应遵循以下原则和设计方法。

- 适地适树原则：根据当地的气候、土壤等自然条件选择树种，尽量采用乡土植物。
- 合理搭配：注重常绿与落叶树种的混搭；遵循植物个体的生态习性与立地环境的适应性，合理配置，形成稳定的生态群落（见图3-119和图3-120）。

图3-119　搭配合理的植物组团

图3-120　层次丰富的植物配植

- 注重生态效益：设计中可考虑动植物之间的生态关系和环境保护问题；适当兼顾植物的卫生防护功能。
- 植物景观美化：从植物形态、颜色、质地等特点出发进行选择搭配，关注植物季相景观的特点，充分发挥植物的景观美化功能。

- 合理运用配植形式：结合公园绿地类型和特点合理运用孤植、群植、列植等配植形式，有效、合理地进行植物空间的有序设计，丰富场地空间形式（见图3-121至图3-123）。

图3-121 植物、水体和地形塑造良好的景观空间

图3-122 公园内在绿化掩映下的游赏路线

图3-123 优质绿化空间围合中的休憩空间

另外，在场地规划建设范围内，如遇古树、名木，还应注意对其划定保护范围，并采取保护措施（参见各省市古树、名木保护条例）。

3.3.3 项目实施：城市公园绿地景观设计

城市公园绿地景观设计是将自然美感与人类活动需求相融合的复杂过程，涉及多个层面的规划和创意。在这个过程中，设计师需要遵循一系列明确的流程和步骤，以确保最终营造出令人愉悦且功能齐备的公共空间。有效的公园绿地景观设计方案不仅要注重美感，还要兼顾多方面的实际需求与可持续发展。

1. 案例和场地分析

（1）案例分析

针对设计项目，寻找同类型公园绿地进行案例比较分析，分析公园绿地的类型及景观功能、道路及功能分区情况；分析领悟设计的主题创意；搜集设计元素的组合搭配（见图3-124和图3-125）。

图3-124　景观案例分析总结1

图3-125　景观案例分析总结2

（2）现场勘测及场地分析

① 现场勘测：有条件的情况下，进入项目现场进行实地调研和基础资料数据采集，并参阅现状图纸（地形图，建筑物、植被和道路现状等）；若是虚拟项目，缺少真实现状调研，可以参考相似建成项目进行比对分析。

② 场地分析：搜集信息绘制市域图或区域位置图；分析场地周围建筑及交通情况；

分析基地的自然特征；确定可利用的优势和需改造的劣势，并提出初步策略；搜集地域历史文化、民风民俗、城市格局、建筑特色、气候自然条件等信息。

（3）绘制分析图纸

针对现场勘测和场地分析的具体情况绘制分析图纸，包括基地现状条件分析图、功能分区图、交通分析图，以及其他根据项目场地特点绘制的类型分析图（见图3-126和图3-127）。

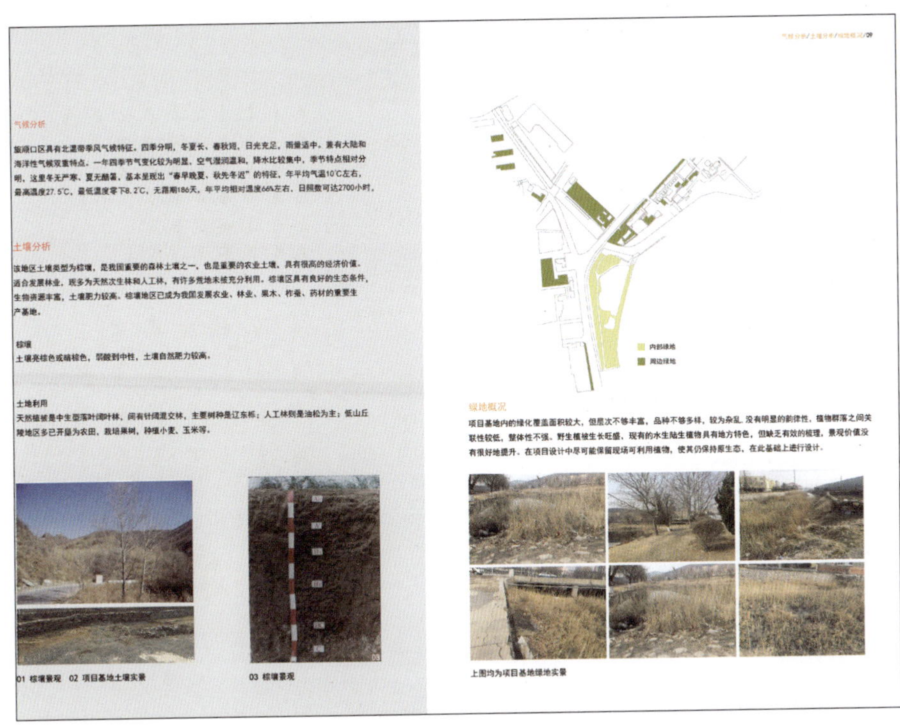

图3-126 场地分析图1

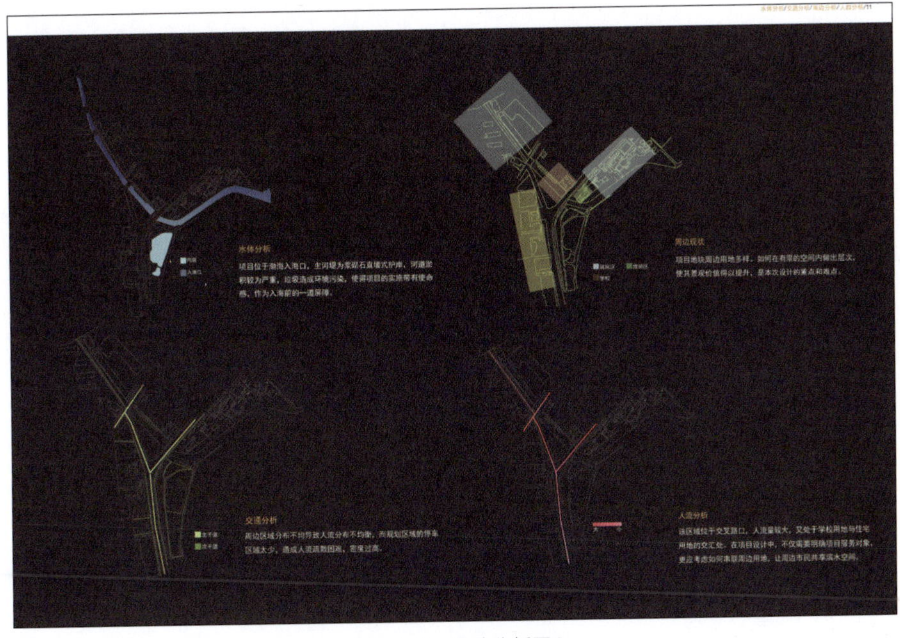

图3-127 场地分析图2

2. 方案构思立意

确定公园绿地景观的功能定位和风格特点，力求设计能够反映地域文化和城市风貌；根据公园绿地的具体类型进行总体布局和功能分区，结合设计要求，通过文化、形态、生态保护、空间设计等多元途径确立设计主题；塑造有亮点、有创意，兼具社会、经济、生态效益的公园绿地景观内容和形式；绘制方案设计草图（见图3-128和图3-129）。

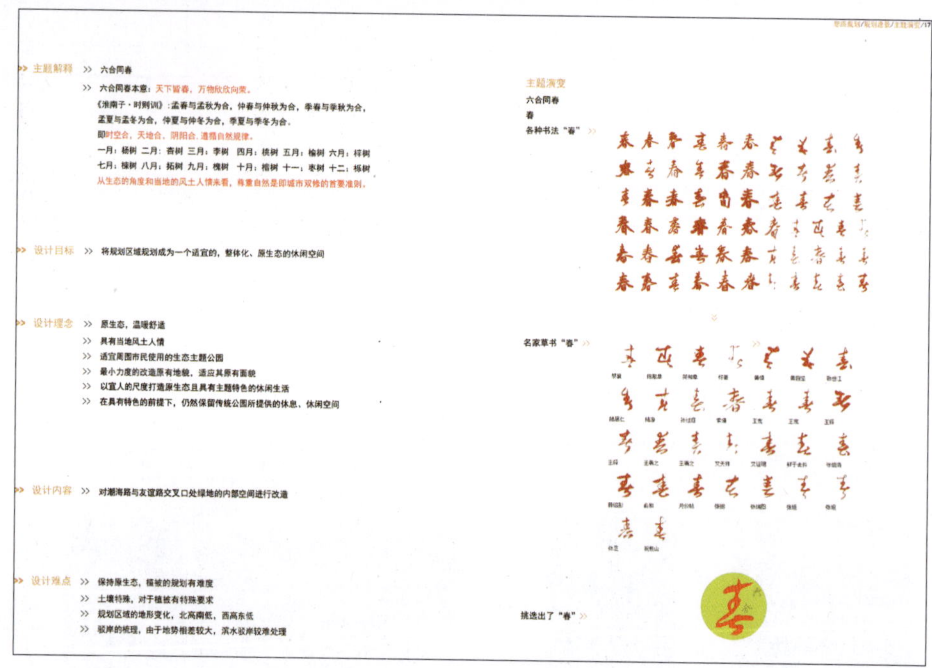

图3-128　方案主题立意

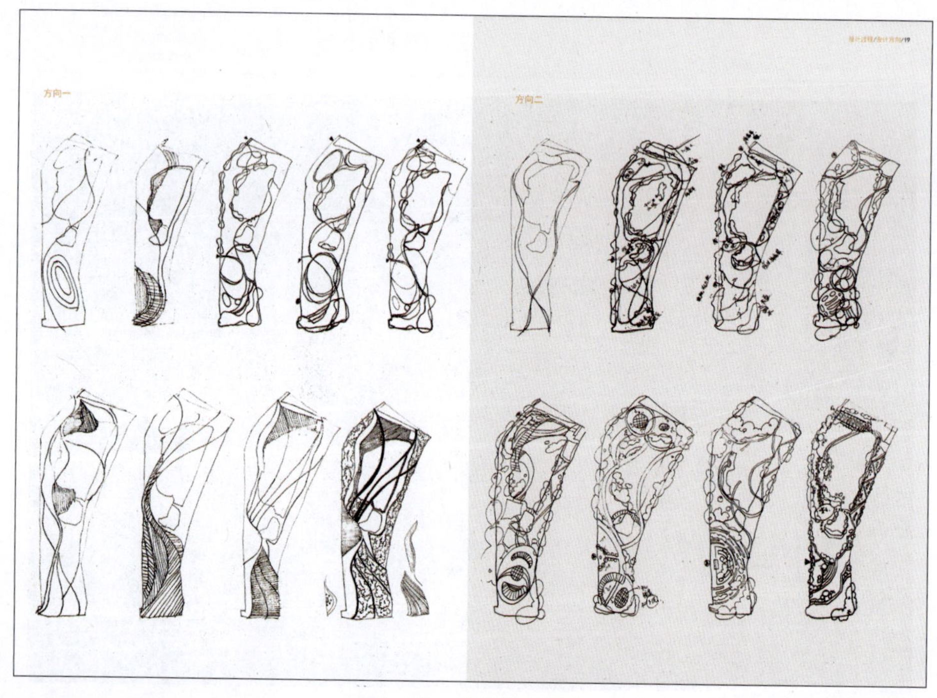

图3-129　方案设计草图

寻找合适的切入点，充分利用项目的基地条件，从功能、形式、空间形态、环境等角度入手，运用多种手法绘制方案雏形。确定公园绿地的功能、空间布局、交通流线和建筑小品及公共设施的大致位置（见图3-130）。

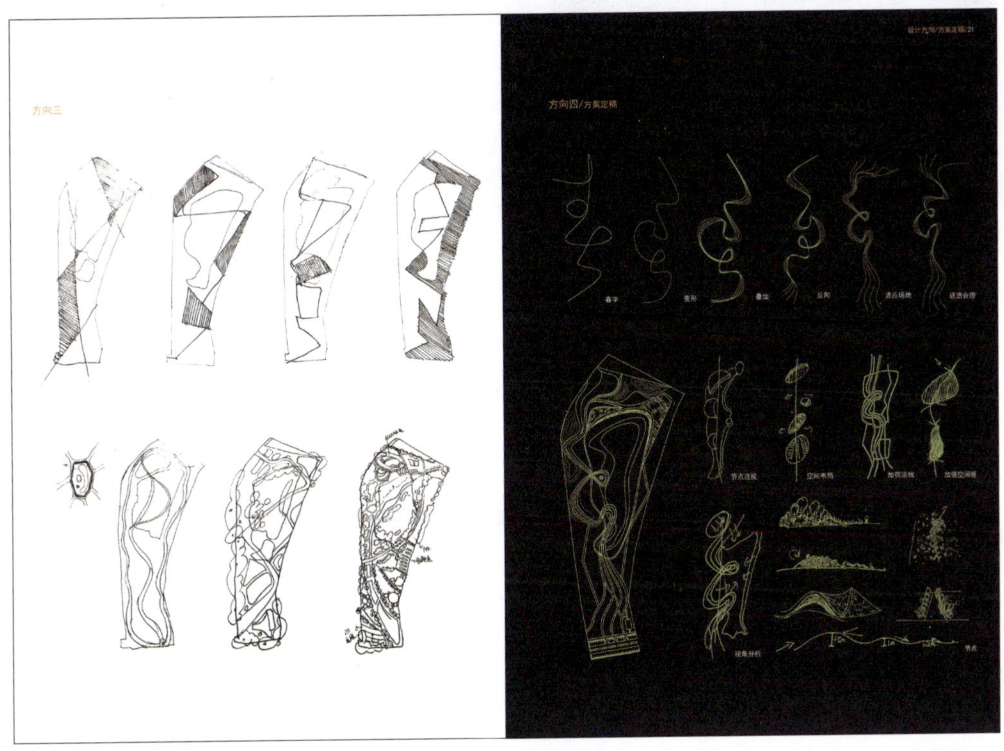

图3-130　方案构思草图

3. 方案深化

① 完善园内交通系统和路线组织，确定不同级别道路和出入口的设置，确保游赏路线的可达性和通畅性。

② 确定各园林要素的高程点，如山顶，水位，驳岸顶部，园路转折点、交叉点和变坡点，建筑的底层和室外地坪，各出入口内、外地面，地下工程管线和地下构筑物的埋深等。

③ 确定场地各功能区域的空间尺寸、范围；深化落实景观设计要素的位置、尺寸及相互关系；绘制主要景观节点剖立面图并进行深入分析。

④ 注意公园绿地的立地环境，协调植物与建筑小品、构筑物、水体及地形等其他园林要素的造景关系，利用植物进行空间的分隔、阻挡和围合以及空间序列组合设计；植物搭配以植物群落为宜，增加绿地绿量，丰富植物层次；注重植物的生态种植，考虑与动物及其他自然要素之间的生态系统稳定性。

⑤ 注意核对方案设计的技术经济指标，如建筑面积、铺装面积、绿地率等。

方案平面图和方案设计分析如图3-131和图3-132所示。

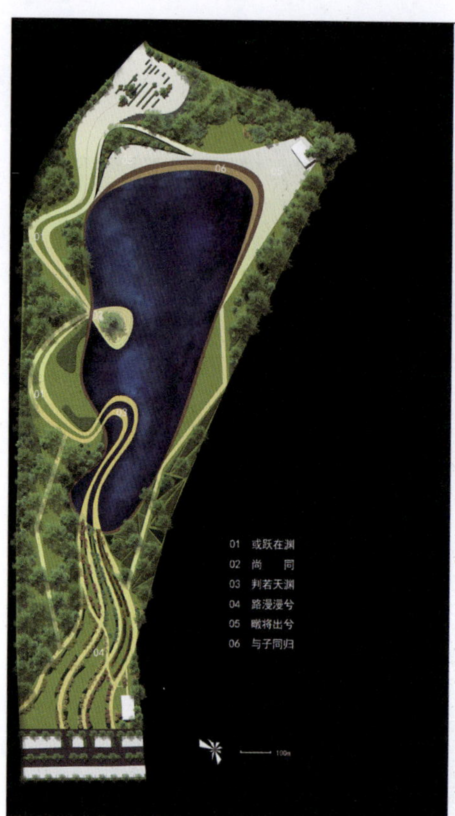

图3-131 方案平面图

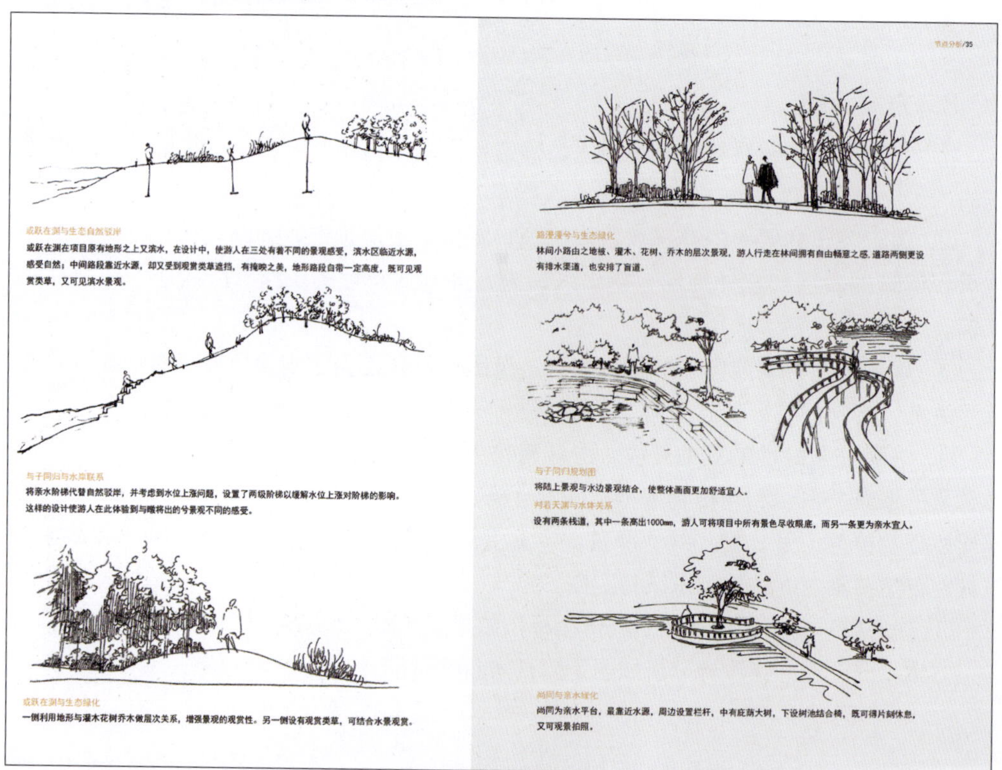

图3-132 方案设计分析

4. 图纸绘制

- 技术图纸绘制：总平面图、主要景点剖面图、立面图。
- 分析图纸绘制：小区交通系统分析图、功能布局分析图、景观节点分析图、竖向分析图、视线分析图等。
- 效果图纸：整体鸟瞰图、景点局部效果图。
- 后期排版：制作设计文本（或汇报用PPT）、制作设计版面（A0图纸两张）（见图3-133和图3-134）。

注：示范作业文本详见知识拓展。

图3-133　公园设计版面（学生作业：章佳梅、仝欣雨、郑琪）

图3-134　公园设计版面（学生作业：王小莹）

3.3.4 知识拓展

扫描右侧二维码，观看微课视频，学习景观设计相关知识。

3.4 广场设计

在城市的脉络中，广场犹如交汇的心灵节点，映照着社会的脉动与文化的交融。其独特的地位和多重功能使其不仅成为城市景观的亮点，还成为人们情感共鸣的源泉。本节将深入探讨广场设计的内容，从空间的布局与元素的安排，到与环境的协调与可持续发展，通过案例解析和理论探讨，探寻如何创造融合艺术、社交和可持续发展理念的广场，为城市增添独特魅力，为城市居民营造愉悦感受。

3.4.1 广场设计任务书

通过学习本小节内容，学生可以掌握广场设计的基本理论，了解相关设计规范和标准，掌握广场设计的内容和方法，学会分析广场功能与城市空间、建筑与环境的关系，提升综合分析和创意设计的能力（见图3-135）。

图3-135　意大利锡耶纳坎波广场

1. 项目描述

根据给出的图纸（基地现状详见图纸）进行城市广场设计，通过广场设计的整个过程学习并掌握广场设计的相关知识。

2. 设计要求

以人为本，体现时代气息和城市地域文化氛围，贯彻整体性及美学原则；注重广场的功能布局合理性、交通便捷性；发挥设计创意，突出主题。

3. 作业图纸内容及要求

（1）图纸内容

- 场地分析。根据场地所在位置及现状图纸（图纸比例1：2000～1：500），分析广场在城市中所处的位置，并在此基础上分析其与周边地区的关系。
- 设计灵感及来源分析。构思设计并进行创意表达，在此基础上阐述设计的灵感及来源。
- 广场设计总平面图及各类型分析图（交通分析、视线及景观节点分析、竖向分析等）。图纸比例1：1000～1：100，标明规划建筑、绿地、道路、铺装、水体、停车场、重要景观小品等的位置、尺寸。
- 种植设计图。图纸比例1：500～1：100，标明植物种类、种植位置、数量及规格。
- 主要景点立面图或剖面图。图纸比例1：250～1：50，标明主要建筑物或构筑物高度，表达清楚地形变化及景观要素前后关系。
- 效果图。包括总体鸟瞰图、重要景点效果图、重要建筑物和构筑物效果图。

（2）图纸要求

- 版面不少于2张，标准A1尺寸（594mm×841mm）。
- 文本一套，数量根据图纸内容确定，标准A3尺寸（420mm×297mm）。

4. 作业进度安排

- 1～12学时：学习理论知识，明确设计任务，进行实地考察及案例分析。
- 13～20学时：设计构思，绘制现状分析图；设计初步方案，并讲评。
- 21～44学时：深化方案，讲评，制作方案模型，完善总体设计。
- 45～64学时：绘制正式成果图纸。

5. 参考资料

- 《城市广场设计》，王柯、夏健、杨新海编著，由东南大学出版社出版。
- 《外部空间设计》，[日]芦原义信著，尹培桐译，由中国建筑工业出版社出版。
- 《景观设计师培训考试教材》，中国建筑装饰协会编，由中国建筑工业出版社出版。
- 《城市规划资料集 第6分册 城市公共活动中心》，由中国建筑工业出版社出版。

3.4.2 知识准备：了解广场设计

广场设计承载着城市发展的深刻内涵，它超越了单纯的建筑布局，成为城市文化、社交与美学的综合载体。广场不仅是人们休憩交流的场所，更是城市身份与价值观的具象化呈现。其设计应融汇历史传承与现代需求，创造宜人环境，促进社会互动，塑造城市形象，同时关注生态平衡。

1. 广场的概念及分类

广场作为城市的社交中心，其多样化的分类和独特概念构建了城市的多重面貌。

（1）广场的概念

广场是由建筑物、道路和绿地等围合或限定的城市公共活动场所。广场可以把其周围各个独立的部分组合成一个整体（见图3-136）。每个广场都有一定的功能和主题，围绕该主题设置的标志物、建筑空间的围合以及公共活动场地是构成广场的三要素。广场是城市公众社会生活中心，是集中反映城市历史文化和艺术面貌的主要城市外部空间，它也是城市公共空间的重要组成部分。

（2）广场的分类

广场根据其性质可划分为市政广场、宗教广场、交通广场、商业广场、纪念广场、休闲娱乐广场等（见图3-137）。

图3-136 融合周边环境、整体感强的广场

图3-137 威尼斯圣马可广场

根据广场的尺度，广场可分为特大尺度广场和小尺度广场（见图3-138）。特大尺度广场指国家政治性广场、市政广场等。小尺度广场则指街区休闲广场、庭园式广场。中外广场尺度比较见表3-6。

图3-138 小尺度的蛇口学校广场

表3-6 中外广场尺度比较

我国20世纪90年代中后期建造的广场		国外尺度适宜、评价较高的广场	
名称	面积/hm^2	名称	面积/hm^2
长春文化广场	21.25	莫斯科红场	9.1
济南泉城广场	16.96	巴黎协和广场	8.64
襄阳诸葛亮广场	15.6	波士顿市政广场	2.40

续表

我国20世纪90年代中后期建造的广场		国外尺度适宜、评价较高的广场	
名称	面积/hm²	名称	面积/hm²
深圳龙城广场	12.6	威尼斯圣马可广场	1.28
江阴市市政广场	11.22	佛罗伦萨西诺利亚广场	0.54
安徽合肥明珠广场	10.82	罗马市政广场	0.39
青岛五四广场	10.0	—	—
广州东站广场	10	—	—

按广场的材料构成划分，有以硬质材料为主的广场，如以混凝土或其他硬质材料作为广场主要铺装材料的广场（见图3-139），分素色和彩色两种；有以绿化材料为主的广场，如公园广场、绿化广场等；有以水质材料（如大面积水体造型等）为主的广场。

2. 广场设计的内容

广场设计的内容主要有地平面布局、空间布局等（见图3-140）。

图3-139　法国沙特奈－马拉布里新社区广场细腻的铺装材料

图3-140　具备极富个性小品设施的奥地利兰德豪斯广场

地平面布局首先考虑广场的用途，它不仅影响广场的功能布局，还影响人的动线组织。例如，紧邻地铁出口的广场往往设计成下沉式，如上海静安寺下沉式广场（见图3-141）就是一个小尺度的下沉式交通广场，广场中心的下沉舞台常用于举行表演。

广场的空间布局应该突出主要功能，并综合考虑各个功能的相互关系。空间布局会受到用地形状和地形的影响，布局的形式有对称、平衡、周边、线形等（见图3-142）。

图3-141　静安寺下沉式广场及装置艺术“韧山水”

图3-142　布局灵活、形式多样的深业上城南广场

3. 广场的设计原则

广场作为城市的集聚中心和文化交流枢纽，需要遵循一定的设计原则，以确保其在功能、美学和社会层面的有效运作。设计原则有助于平衡广场的布局与环境，使其更好地满足人们的需求，具体如下。

（1）以人为本原则

广场作为城市的亮点和小型的生态环境，既要起到舒缓交通的作用，又要为大众休闲、娱乐提供场所。广场中的座椅（见图3-143）、果皮箱、指示牌等设施的形状、尺度、肌理、色彩等都与人的尺寸、视觉、嗅觉息息相关。

图3-143　郑州万科城中央广场的个性长凳

（2）突出地域性原则

所谓地域性，主要指两个方面，一是地域文化特征，二是地域自然特征。地域文化特征强调的是广场的设计要符合当地的历史文化和民风民俗，如古城的广场设计应注意与周边环境的历史氛围、文化气息相融合，可选用具有古典韵味的元素进行设计（见图3-144）。地域自然特征是指广场应符合当地的地貌、植被以及气候等自然特色。

（3）突出主题及个性原则

广场的功能和地点的变化也带来了主题的变化。主题广场是近年来城市规划的主要发展特征和趋势。此类广场应先明确其功能作用，而后确定其主题，从而设计出具有个性的广场单体（见图3-145）。

图3-144　西安小雁塔历史文化片区的"雁归里坊"广场铺装保留历史记忆

图3-145　以纪念为主题的9·11国家纪念广场

（4）整体性原则

广场设计应遵循城市整体发展规划，其布局与功能应与总体环境相适应。广场设计应充分考虑城市景观的完整性（见图3-146），使城市空间呈现连续性、流动性、层次性和凝聚性。

图3-146　以城市建筑为背景的中环码头广场

4. 广场的空间设计

广场设计中的空间设计包括空间限定、空间引导、空间形态和空间尺度。这些因素相互交织，共同决定广场的功能。有效的空间设计能塑造广场的氛围，为城市增色，满足社会需求，体现城市的个性和文化。

（1）空间限定

空间限定指空间范围的限定，也就是让人们从视觉和心理上感知到从一个空间进入另一个空间。这种空间限定可以是整个广场的限定，也可以是小环境的界限。界限可以通过矮墙、台阶、坡道、地形的高差（见图3-147）以及植物等体现。

（2）空间引导

空间引导是指采用引导手段使人们从一个空间进入另一个空间（见图3-148）。空间引导可以利用道路、指示牌、台阶等完成，其中道路引导具有尤为突出的作用。

图3-147　法国沙特奈－马拉布里新社区广场的台阶设计

图3-148　CoFuFun车站广场通过道路引导人们进入不同的小空间

（3）空间形态

广场一般呈放射状，以一个主体（如建筑物、纪念碑、雕塑、喷泉等）为中心，向四面发散。由于使用功能不同，广场又被划分为数个小的环境空间，各环境空间可通过空间的上升、下沉和穿插组合，形成层次丰富的广场空间（见图3-149和图3-150）。另外，广场也呈现平面形态，有方形、圆形、对称多边形的规则形态，也有不规则的多边形和曲线形态。

图3-149　模型演示的上海静安寺广场及装置艺术“韧山水”

（4）空间尺度

广场的空间尺度受容纳人数、疏散要求、活动项目、交通量、车流运行规律、交通组织方式、人的室外行为规律等因素的影响（见图3-151和图3-152）。

芦原义信有如下观点。

- 广场最小宽度等于主要建筑物的高度，最大不超过其高度的2倍，这样的空间开阔程度比较合适。

图3-150 上海静安寺广场及装置艺术"韧山水"

图3-151 蒙特利尔金色之舞广场

图3-152 蒙特利尔金色之舞广场上舞动的人群

- 外部空间可以是内部空间的8～10倍，即"十分之一理论"。
- 外部空间可采用行程为20～25m的模数，即"外部模数理论"，指的是在外部空间，每隔20～25m利用材质和地面高差变化形成重复的节奏感，使空间打破单调，变得生动。

3.4.3 项目实施：广场设计

通过精心考虑广场的空间限定、空间引导、空间形态和空间尺度等因素，努力打造宜人宜业、可持续且易访问的广场公共空间。广场设计方案的实施将为城市增色，为居民带来美好体验，为社会交往与文化传承搭建坚实平台。

1. 场地分析和案例分析

（1）结合设计项目进行场地现状分析

- 掌握相关前期资料：市域图或区域位置图；现状图纸（地形图，建筑物、植被和道路现状，工程设施管网图等）。
- 了解基地所在城市的总体规划；分析基地周围建筑及交通情况；分析基地的自然特征，确定可利用和需改造的要素；了解地域历史文化传统、民风民俗、城市格局、建筑特色、气候条件等。

见图3-153和图3-154。

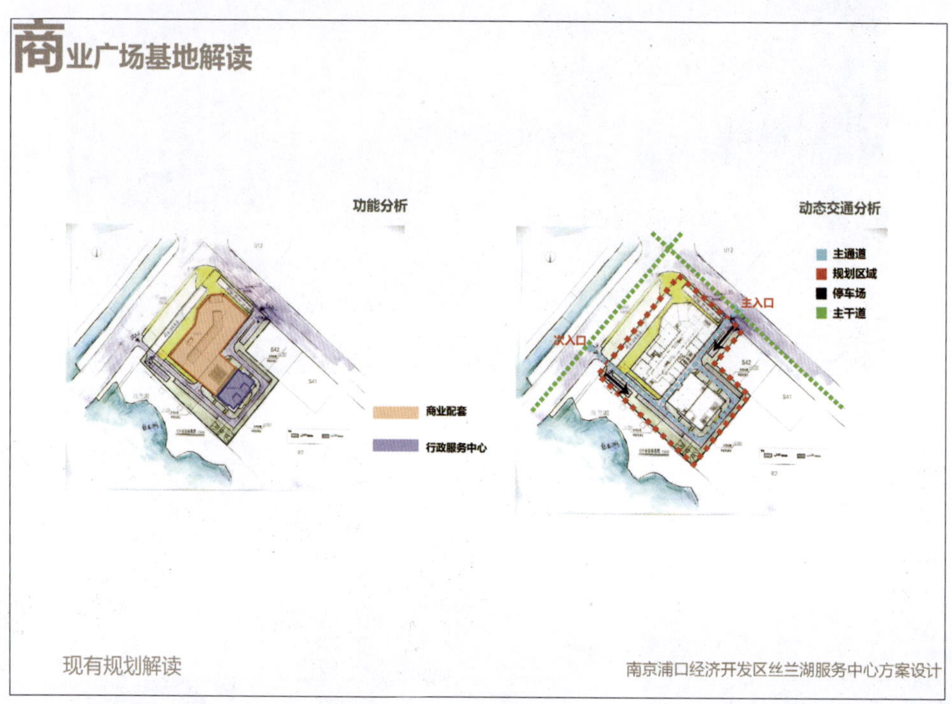

图3-153　场地现状分析

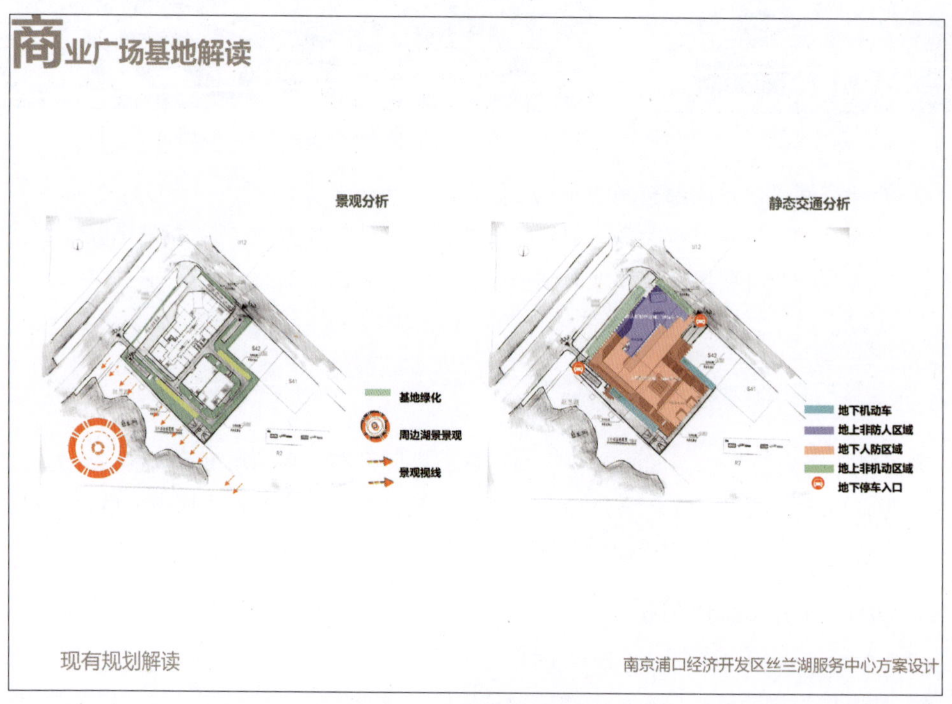

图3-154　场地周边环境分析

（2）案例分析

- 寻找典型广场案例进行分析，分析广场的类型及景观构成、交通安排及功能设施的设置等；关注设计的主题创意；进行广场空间分析（见图3-155）。

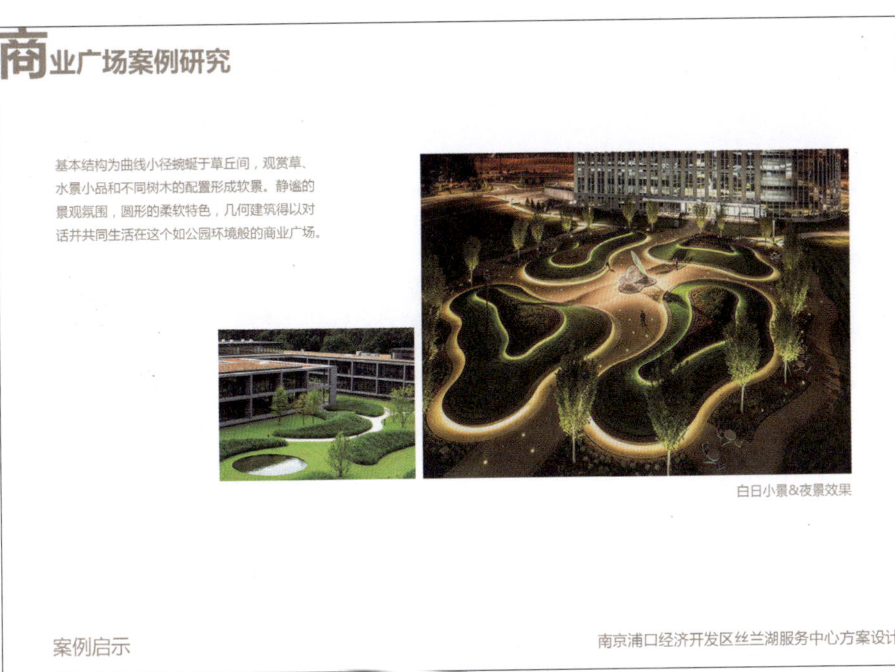

图3-155　广场案例分析

2. 方案构思立意

（1）构思立意

构建广场的整体形象，力求设计契合地域或城市的风俗、文化积淀及大众的审美取向；根据广场类型合理布局，确定广场形式；绘制平面设计草图（见图3-156和图3-157）。

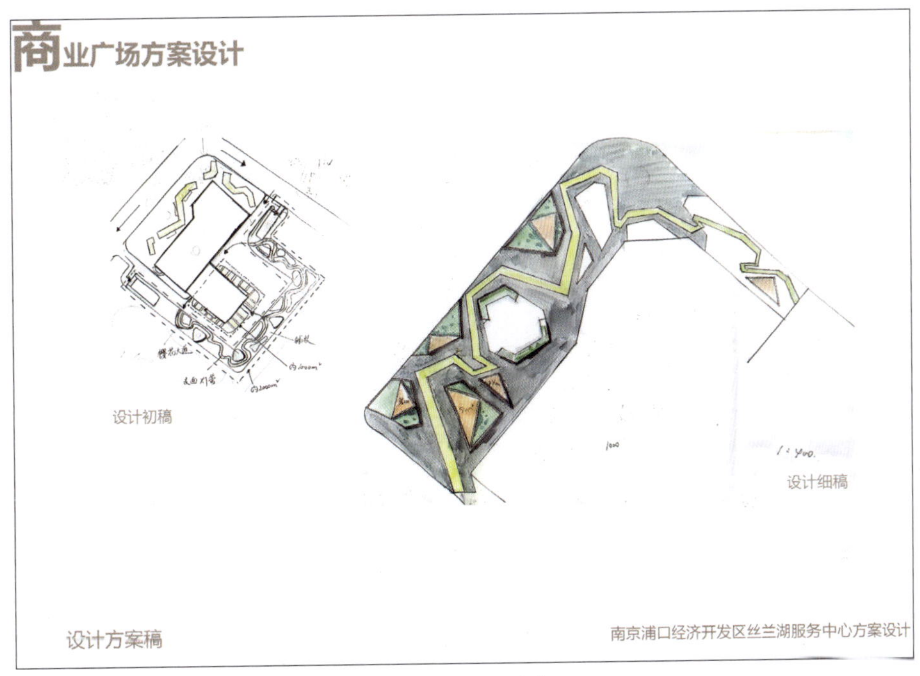

图3-156　广场设计草图1

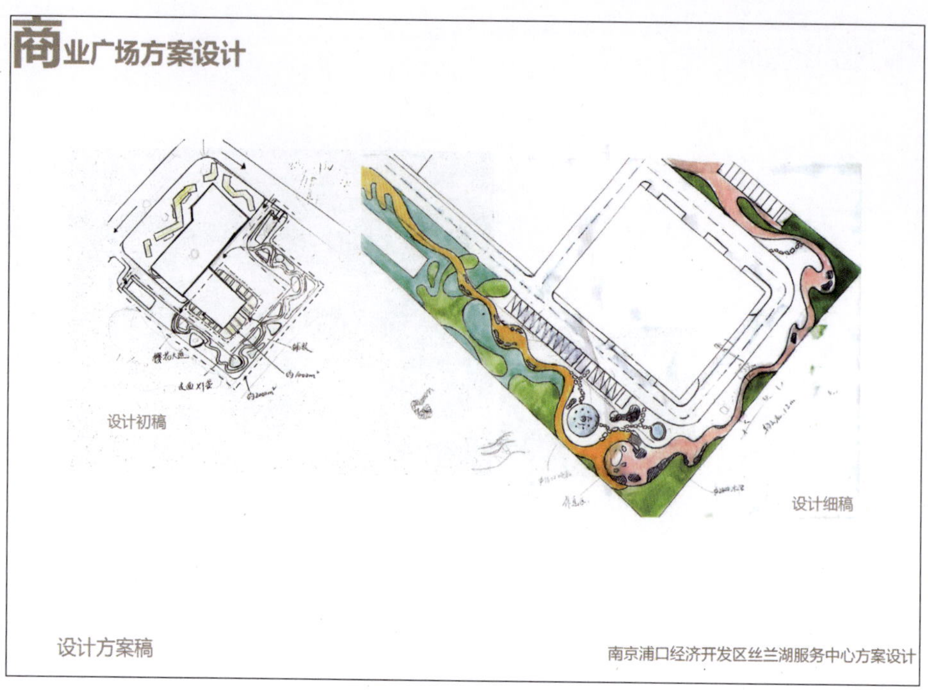

图3-157 广场设计草图2

（2）绘制分析图纸

- 功能分区图。根据广场类型和场地大小合理安排场地功能及设施，提供大型活动、公众休闲、交流的空间场所。
- 交通分析图。根据广场交通的流量和容量以及人流状况合理组织交通（见图3-158）。

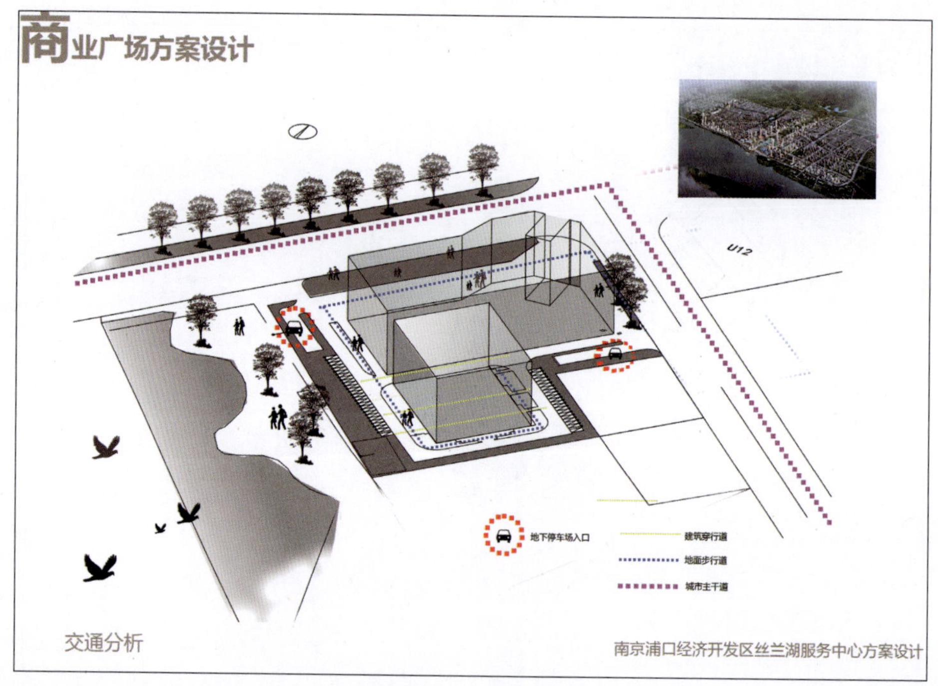

图3-158 交通分析图

3. 方案深化

（1）设计分析

确定广场的空间形态、空间尺度比例、景观节点、视线角度，制作设计分析图纸（见图3-159和图3-160）。

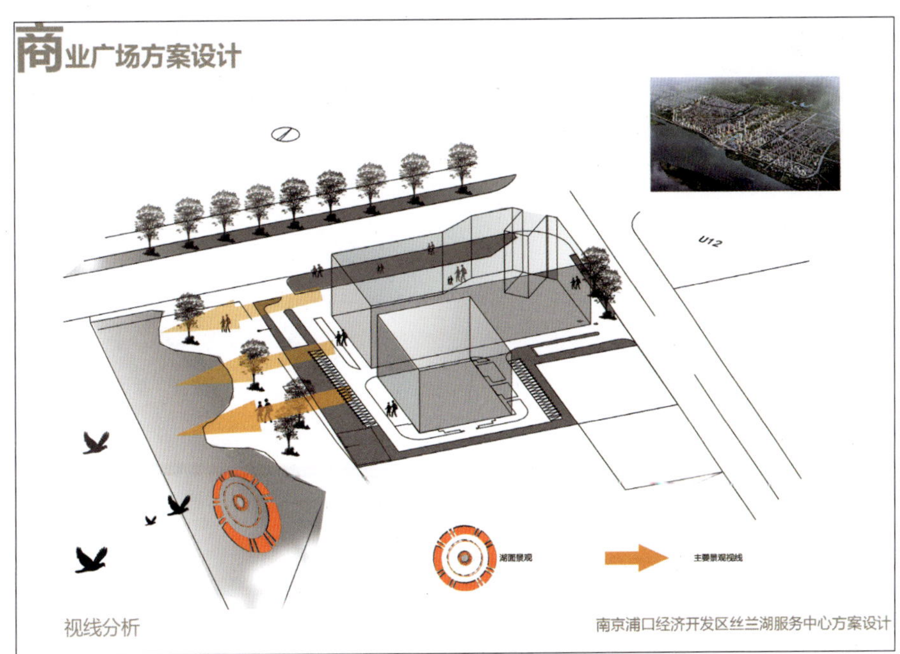

图3-159　广场视线分析图

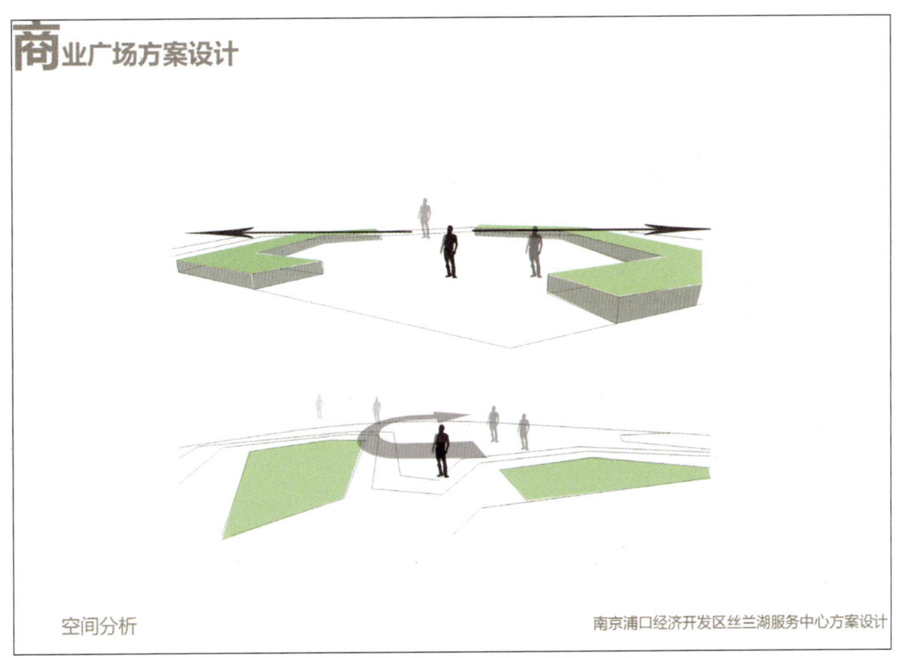

图3-160　广场空间分析图

（2）专项设计

进行广场绿地植物配置，注意种植形式与广场风格的协调统一，以规整式种植为主，选择植物种类时注意植物单体形态的整齐统一；道路铺装的设计在考虑形式美的同时，还应考虑铺装的引导性、指示性等；各环境建筑小品的设计注意风格的协调及其与使用功能的完美结合；结合灯光布置设计广场夜景效果，打造舒适宜人的景观（见图3-161至图3-163）。

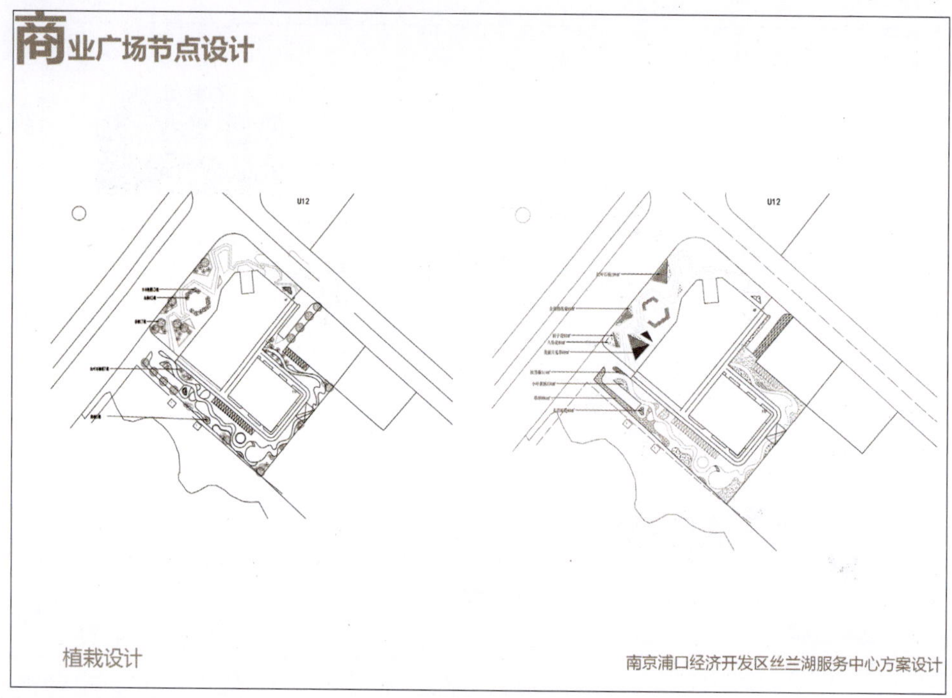

图3-161　广场绿化配置图

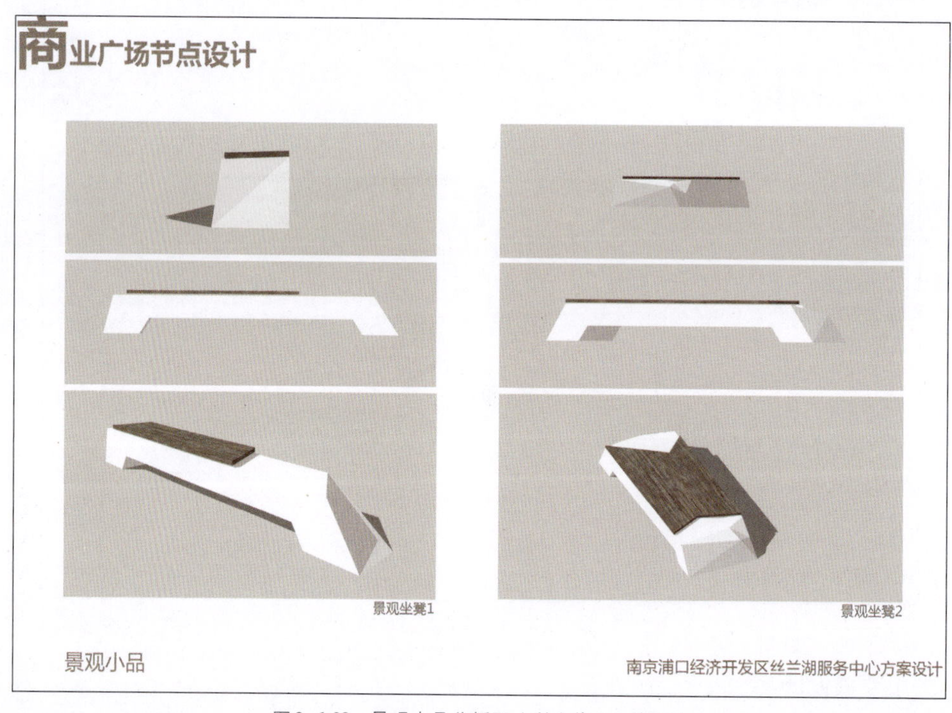

图3-162　景观小品分析图（学生作业：李虔）

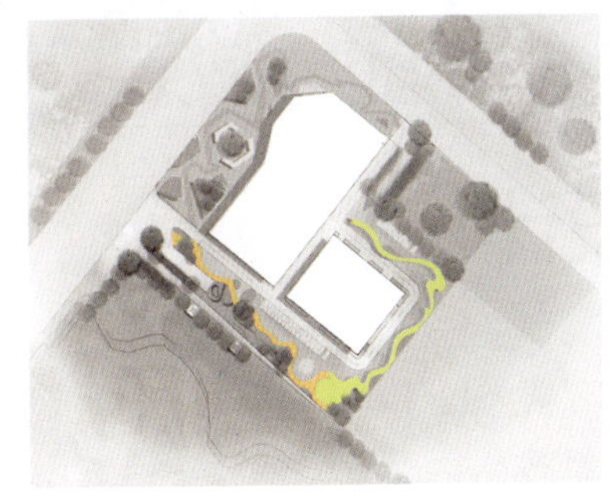

图3-163　灯光设计分析图

4. 图纸绘制

- 技术图纸绘制：总平面图、主要景点剖面图、立面图。
- 效果图纸：总体鸟瞰图、局部景点效果图。
- 排版及后期文本：制作设计版面（A1版面两张，见图3-164和图3-165），汇报文本一册（A3图纸）。

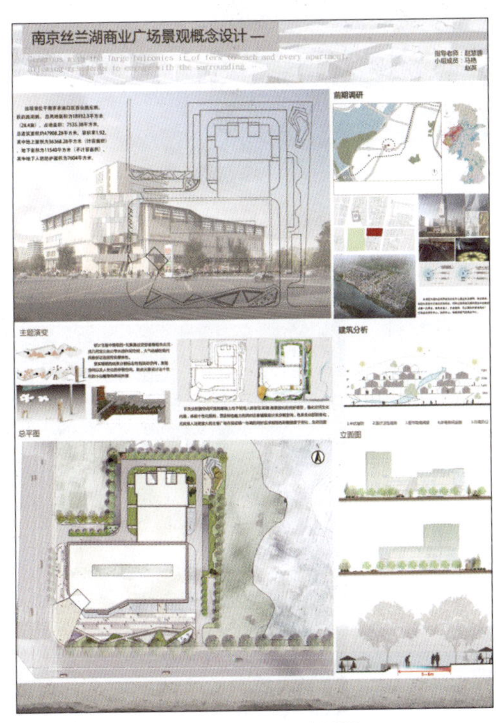

图3-164　广场设计版面1

图3-165　广场设计版面2

3.4.4 知识拓展

扫描右侧二维码，观看微课视频，学习景观设计相关知识。

3.5 居住区环境景观设计

住宅建设是城市建设的重要组成部分，不仅要为居住者提供居住空间，还需要创造优质的居住环境。时至今日，现代城市居住小区景观环境已成为影响居民生活品质的重要因素。人们对居住的要求不再是能够在一定的围合空间里进行简单的饮食起居，而开始追求诸如休憩、娱乐、和睦的邻里关系等更高层次的体验。作为室内环境延伸的居住区环境是指住宅周围或住宅与住宅之间的环境，大多是以建筑空间的形式从人的周围环境中进一步界定而形成的特定环境。居住区也是居民最基本的生存活动空间（见图3-166）。

图3-166　居住区及配套花园景观

3.5.1 居住区环境景观设计任务书

本项目属于较为复杂、对综合能力要求较高的设计课题。其目的是以现代城市居住区环境景观为研究对象，让学生了解和学习居住区发展历史、住房制度、居住现状和居住标准，以及居住区环境景观的构成，学习居住区环境景观设计的规范标准和要求，总结国内外居住区环境景观设计的理念和实践经验，探讨现代城市居住区环境景观设计的理论、方法和原则，培养学生调查分析、综合思考及设计的能力（见图3-167）。

图3-167　环境优雅的居住区景观

1. 项目描述

完成城市居住小区室外环境设计，基地选择可参考教师提供的具体选址案例，学生可根据实际情况选择不同规模的案例，一般用地规模宜控制在2～4hm^2。

2. 设计要求

（1）认真搜集现状基础资料和相关背景，分析城市对基地提出的规划设计要求，以及基地与周围环境的关系，并提出相应的设计问题和设计策略。

（2）进行居住区环境景观结构分析，包括用地功能、道路系统、绿地系统、主要公建布局和景观结构等。

（3）分析并提出居住区内部交通出行方式，明确消防通道及消防登高面的具体位置，布置景观道路交通系统；确定道路线型、平面曲线半径；综合考虑道路景观效果，绘制相应道路断面图；确定停车场类型、规模和布局等。

（4）绿化系统规划层次分明，设计概念明确，绿地功能与居住区功能和户外活动场地统筹考虑；绿化种植应与当地的土壤和气候特征相适应，并体现适应项目场地的绿化风格和档次。

（5）完成居住区景观场地竖向设计。

（6）在对基地现状进行全面分析的基础上，结合本地区的自然条件、生活习惯、历史文脉、技术条件、城市景观等进行景观规划构思；提出体现现代居住区新理念和新技术手段的、优美舒适的、有创造性的居住区景观设计方案（见图3-168和图3-169）。

图3-168　清新典雅的小区环境

图3-169　景观与建筑颜色协调的小区环境

3. 作业图纸内容及要求

（1）图纸内容

- 规划地段区域位置及绘制现状分析图。图纸比例不限，标明居住区原有地形地貌、在城市的位置以及与周边地区环境的关系。
- 居住区景观规划总平面草图及各类型分析图（道路交通分析图、绿化系统分析图、公共配套设施分析图、景观空间形态分析图、视线及景观节点分析图、竖向分析图等）。图纸比例1：1000～1：300，标明规划建筑、绿地、道路、铺装、水体、停车场、重要景观小品等的位置、尺寸。
- 1：1000的居住区景观规划总平面图。图纸应注明用地方位和图纸比例，包含所有建筑和构筑物的屋顶平面图、建筑层数、建筑使用的性质、主要道路的中心线、停车位（地下车库及建筑底层架空层应用虚线标出其范围并标出地下车库出入口）、室外广场、铺地的基本形式等。绿化部分应对乔木、灌木和花卉、地被等有所区分。

- 绿化种植设计图。图纸比例1：500～1：300，标明植物种类、种植位置、数量及规格。
- 主要景观节点的立面图或剖面图。图纸比例1：500～1：300，标明主要建筑物或构筑物高度，表达清楚地形变化及景观要素前后关系。
- 效果图。包括总体鸟瞰图、重要景点效果图、重要建筑物和构筑物效果图（彩色效果图）。

（2）图纸要求

- 版面不少于2张，参考标准A0尺寸（1189mm×841mm）。
- 文本一套，根据图纸内容确定，参考标准A3尺寸（420mm×297mm）。

4. 作业进度安排

- 1～12学时：学习理论知识，明确设计任务，实地考察、调研项目基地或优秀居住区案例。
- 13～24学时：设计构思，绘制现状分析图、规划图；设计草图方案，一次评图。
- 25～44学时：修改方案图纸，确定方案平面图，深化和完善总体方案，绘制技术图纸和各类分析图，草图建模推敲方案空间关系，二次评图。
- 45～64学时：后期效果制作，绘制正式成果图集，项目最终汇报。

5. 参考资料

- GB 50180-2018《城市居住区规划设计标准》。
- 《城市规划资料集 第7分册 城市居住区规划》，由中国建筑工业出版社出版。
- 《居住区景观设计》，苏晓毅编著，由中国建筑工业出版社出版。
- 《居住区环境景观设计导则（2006版）》，建设部住宅产业化促进中心编写，由中国建筑工业出版社出版。

3.5.2 知识准备：了解居住区环境景观设计

居住区环境景观直接影响居民的生活质量与幸福感。接下来将关注不同类型绿地的规划布局、植被选择、景观元素的运用等，以营造舒适宜人的户外空间。通过理论与实践的结合、严谨的规范和创新的设计要求，创造出充满活力、可持续发展、宜居的居住区环境，为居民带来更好的生活体验。

1. 居住区基本构成要素

（1）物质要素

自然要素：区位、地形、地质、水文、气象、植物等（见图3-170）。

人工要素：各类建筑及工程设施、服务设施。各类建筑包括住宅、公共建筑、生产性建筑等。工程设施包括道路工程、绿化工程、工程管网、室外挡土工程等。服务设施包括公共管理和公共服务设施、商业服务设施、市政公用设施和交通场站设施等（见图3-171）。

图3-170 居住区绿化

图3-171 居住区公共服务建筑

（2）精神要素

人的要素：人口结构、人口素质、居民行为、居民生理和心理等。

社会要素：社会制度、政策法规、经济技术、地域文化、社区生活、物业管理、邻里关系等。

2. 城市居住区的概念、等级和规模

城市居住区是城市居民日常生活和居住的区域空间，可泛指不同规模的居住生活聚居地，也可特指被城市干道或自然分界线所围合，并与居住人口规模相对应，配建有一整套较完善的、能满足该区域居民物质与文化生活所需的公共服务设施的居住生活聚居地。现行国家标准《城市居住区规划设计标准》（GB 50180—2018）中对城市居住区的定义是"城市中住宅建筑相对集中布局的地区，简称居住区"。按照居民在合理的步行距离内能满足基本生活需求的原则，居住区可分为十五分钟生活圈居住区、十分钟生活圈居住区、五分钟生活圈居住区及居住街坊四级，其分级控制规模应符合表3-7的规定。

表3-7 居住区分级控制规模

距离与规模	十五分钟生活圈居住区	十分钟生活圈居住区	五分钟生活圈居住区	居住街坊
步行距离/m	800～1000	500	300	—
居住人口/人	50000～100000	15000～25000	5000～12000	1000～3000
住宅数量/套	17000～32000	5000～8000	1500～4000	300～1000

3. 居住区用地分类及构成

根据土地的不同功能，居住区用地基本分为住宅用地、配套设施用地、城市道路用地和公共绿地四大类（见图3-172至图3-174）。

住宅用地：住宅建筑基底占地及其四周合理间距内的用地（含宅间绿地和宅间小路等）。

配套设施用地：一般称公建用地，是与居住人口规模相对应配建的、为居民服务的各类设施的用

图3-172 整洁优雅的小区道路

地，应包括建筑基底占地及其所属场院、绿地和配建停车场等。

城市道路用地：居住区道路、小区路、组团路及非公建配建的居民小汽车、单位通勤车等的停放场地。

公共绿地：满足规定的日照要求、适合安排游憩活动设施的、供居民共享的游憩绿地，包括居住区公园、小游园、组团绿地及其他块状、带状绿地等。

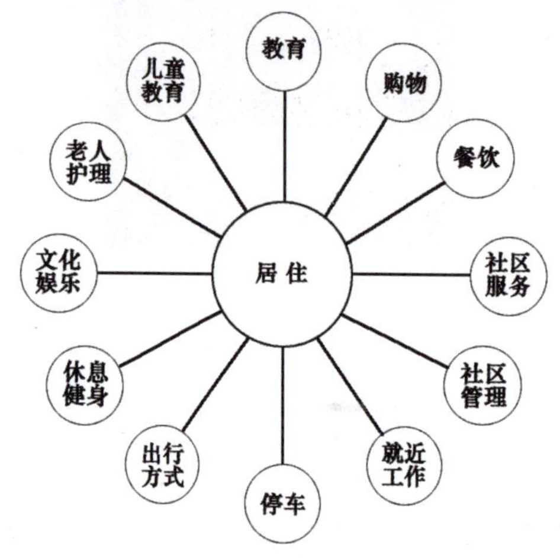

图3-173 居民居住活动关系图

图3-174 提供游憩场所的小区游园

居住区的用地构成是指住宅用地、配套设施用地、公共绿地和城市道路用地占居住区总用地的比值。不同生活圈居住区四类用地构成的相互关系及其合理的变化区间如表3-8所示。

表3-8 不同生活圈居住区的用地构成指标

生活圈居住区类别	住宅建筑平均层数类别	居住区用地构成/%				
		住宅用地	配套设施用地	公共绿地	城市道路用地	合计
十五分钟	低层（1~3层）	—	—	—	—	—
十分钟		71~73	5~8	4~5	15~20	100
五分钟		76~77	3~4	2~3	15~20	100
十五分钟	多层类（4~6层）	58~61	12~16	7~11	15~20	100
十分钟		68~70	8~9	4~6	15~20	100
五分钟		74~76	4~5	2~3	15~20	100
十五分钟	多层类（7~9层）	52~58	13~20	9~13	15~20	100
十分钟		64~67	9~12	6~8	15~20	100
五分钟		72~74	5~6	3~4	15~20	100
十五分钟	高层类（10~18层）	48~52	16~23	11~16	15~20	100
十分钟		60~64	12~14	7~10	15~20	100
五分钟		69~72	6~8	4~5	15~20	100

配套设施用地及公共绿地是按不同生活圈居住区进行级配的。生活圈层级越高，配套设施用地及公共绿地的占比也越高。同时，层数越高，单位用地上居住的人口也相对越多，所需的配套设施和公共绿地也越多。

4. 居住区环境景观设计的内容和要点

居住区自身环境的特点决定了居住区景观设计必须以人为本，营造具有亲和性的、适宜居住的可居空间。《城市居住区规划设计标准》在环境安全与环境品质、环境特色与风貌控制、空间活力与公共空间系统营造3个层面进行建设引导，提出控制要求，涉及公共空间、建筑风格、公共绿地、生态建设、污染防治等内容。接下来从景观营建角度探讨如何塑造高品质居住环境。

（1）居住区环境景观设计的要求和目标

① 营造“以人为本”的生态、宜居环境。

居住区景观设计首先应遵循“以人为本”的设计原则，满足人们日常的生活需求，即人们居住、休闲、游憩、交通等功能需求，营造安全、卫生、方便、舒适、和谐的居住环境。此外，居住区的景观环境不仅可以美化居住区，还可以起到调节生态环境的作用，并改善居住区的环境、净化空气，为居住区创造自然环境，对居民的生活和身心健康有着积极作用（见图3-175和图3-176）。

图3-175 优质的宜居环境

图3-176 植物、水体等景观要素能很好地改善居住区环境

② 创造丰富多样、有活力的外部公共空间。

居住区园林作为开放的公共活动场所，不仅能为居民提供良好的自然环境，还可以通过对植被的合理安排，划分出不同的空间区域，供居民进行户外交流活动。良好的空间环境能给人们带来感官及精神上的综合体验，满足人们精神层面的需求（见图3-177至图3-179）。

图3-177 利用植物围合出的居住区庭院空间

③ 塑造景观形象。

居住区的园林环境是城市环境的重要组成部分。通过居住区的园林设计，优化居住区的景观环境，塑造出与居住空间共生、共存、共荣、共乐、共雅的景观形象，从而提高居民的生活品质（见图3-180和图3-181）。

图3-178　色彩丰富、充满活力的活动空间

图3-179　典雅惬意的休息空间

图3-180　优质的居住区环境是高品质居住的保证

图3-181　居住区建筑和环境也是街区靓丽的风景

（2）居住区环境景观设计的构成元素及设计内容

依据居住区的功能特点和环境景观元素的组成，居住区环境景观设计大致可分为以下五大类别。

① 居住区绿化景观设计。

居住区绿化是指在居住区用地上栽植树木、花草，以改善地区小气候并创造自然优美的绿化环境。绿化是景观环境最基本的构成元素，包括居住区各级绿地植物配置、架空层绿化、屋顶绿化、停车场绿化等。居住区的植物配置应注重乔木、灌木、草、花的结合，综合运用植物在姿态、形体、花色、叶色及季相上的变化，兼顾植物搭配的生态性，塑造良好的空间关系，增强居住区园林景观的艺术效果（见图3-182和图3-183）。

图3-182　花团锦簇的小区

图3-183　茂盛的植被改善小区生态环境

居住区绿地类别如下。

居住区绿地作为附属绿地，主要可以分为公共绿地、组团绿地、宅旁绿地、架空空间绿地、平台绿地、屋顶绿地、道路绿地（小区级道路、组团级道路、宅前小路）和专用绿地（学校、商业及服务中心、变电站等）（见图3-184至图3-190）。

图3-184　小区舒适的户外活动场所

图3-185　开阔的游憩空间

图3-186　宅旁绿地

图3-187　入户空间

图3-188　雕塑、景墙置于绿地之中，丰富居住区景观

图3-189　居住区道路景观结合休息坪地

图3-190　小区内架空层下的儿童活动场所

居住区公共绿地控制指标及相关技术要求如下。

新建各级生活圈居住区应配套规划建设公共绿地，并应集中设置具有一定规模，且能开展休闲、体育活动的居住区公园；公共绿地设置应符合表3-9的规定。当旧区改建确实无法满足基本的规定时，可采取多点分布以及立体绿化等方式改善居住环境，但人均公共绿地面积不应低于相应控制指标的70%。

表3-9　居住区公共绿地设置规定

类别	设置内容	设计要求	设施要求	居住区公园		服务半径/m
				最小规模$/hm^2$	最小宽度/m	
十五分钟生活圈居住区	花木草坪、花坛水面、凉亭雕塑、广场及文化活动场地、停车场地、体育活动场地	园内布局应有明确的功能划分，以人为本，体现人文景观，同时考虑无障碍设计	安全、满足不同年龄段人群的休憩和娱乐要求	5.0	80	800～1000
十分钟生活圈居住区	花木草坪、花坛水面、雕塑、小卖茶座、儿童活动设施、景观小品、体育活动场地	布局简洁明快，特点鲜明，小中见大，充分发挥绿地的作用，同时考虑无障碍设计		1.0	50	500
五分钟生活圈居住区	树木草坪、桌椅、休息亭廊及娱乐活动设施、景观小品、体育活动场地等	可灵活布局，尽可能地增加提供休憩功能的地块		0.4	30	300
居住街坊	儿童及老人活动场地、健身器械、散步道以及桌椅等休憩设施	充分考虑安全和便捷性	主要满足儿童、老年人的休憩和娱乐要求	—	—	—

注：本表参考《居住区景观设计》。

居住区公园规划用地面积要基于小区人流容量和使用功能要求及规划实践综合考虑。一般规划用地面积根据生活圈的级别分别不小于5hm^2、1hm^{2}和0.4hm^2，应满足有一定功能规划和一定游憩活动设施，并容纳相应出游人数的基本要求。

居住区各公共绿地面积（含水面）不宜小于70%，应在有限的用地内争取最大的绿化面积。居住街坊集中绿地的设置应满足“有不少于1/3的绿地面积在标准的建筑日照阴影线范围之外”的要求，以保证良好的日照，同时要便于设置儿童的游戏设施和适于开展成人的游憩活动。

居住区绿化基本原则和要求如下。

- 居住区内绿化应遵循适用、美观、经济、安全的原则。绿化景观的营造应充分利用现有场地自然条件，宜保留和合理利用已有树木、绿地和地形、水体，做到“因地制宜”地进行景观设计，丰富景观空间。
- 植物的选择和配置应考虑经济性和地域性原则，同时还应兼顾安全性原则，保障居民的安全健康。应选择病虫害少、无针刺、无落果、无飞絮、无毒、无花粉污染，不易导致过敏的植物种类，不应选择对居民室外活动安全和居民健康产生不良影响的植物。
- 居住区绿化还应采用乔木、灌木、草、花相结合的复层绿化方式。群落多样性和特色树种相结合，提高绿地的空间利用率，增加绿量，美化环境。
- 居住区绿化的本质是服务于居民，因而应提升绿化景观营造中居民的参与度。可考虑设置农园菜园或种植区，鼓励居民动手参与，开展针对居民（尤其是儿童）的互动园艺活动，进行生态及可持续理念的实践性科普教育等，以此植根于邻里生活，让田园自然回归城市社区，促进居民提升自治的能力和加强社会交往，提升街区活力（见图3-191和图3-192）。

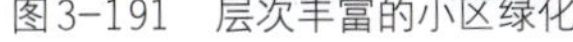

图3-191　层次丰富的小区绿化

图3-192　绿化围合小区绿地各空间区域

② 居住区功能性场所景观设计。

居住区公共环境外部活动空间的设计也是居住区园林环境设计的重要部分。随着城市居民物质与文化生活水平的提高，他们对户外活动的追求日益趋向高品质。常见的功能性场所包括儿童游戏场所、健身运动场地、老年人活动场地和居住区休闲广场等（见图3-193至图3-197）。

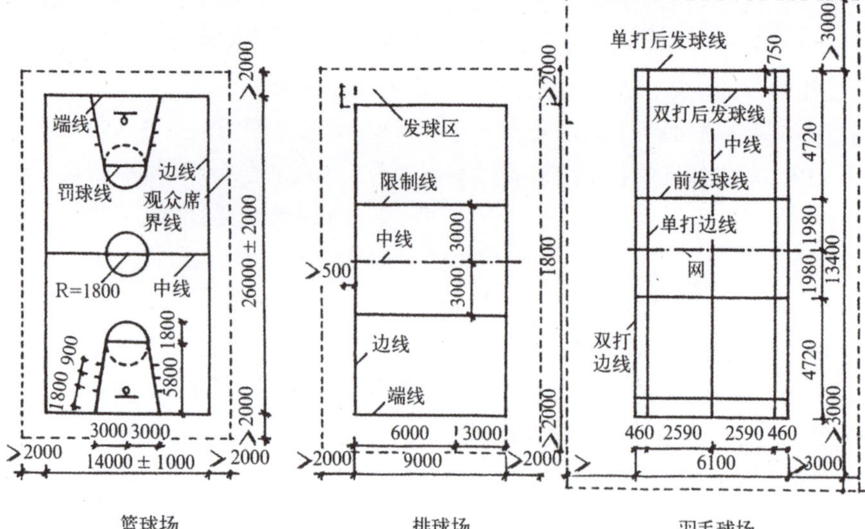

图3-193　小区内常用的几种运动场地尺寸

图3-194　小区内标准篮球场

图3-195　丰富有趣的儿童活动空间

图3-196　供居民活动休憩的休闲广场

图3-197 色彩明艳的儿童活动设施

居民的户外活动往往因居民的年龄而异，设计时应充分考虑不同人群的生理及心理特点。各类场地的布局应结合住宅小区的规划及外部景观环境进行统一安排和组织。

- 健身运动场地设计要点：场地位置要便利，并能保证安全；场地要与居民楼保持一定距离；场地应平整，并能满足充足日照和通风的要求；场地铺装尽可能考虑专业运动铺装材料；场地内需要适当设置休息服务设施，满足人流集散等要求。
- 儿童空间设计要点：保证场地开敞性；保证充足日照；与居民楼保持10米以上距离，减少噪声影响；场地空间和设施铺装等要充分考虑安全性原则，适当围合，注意家长的看护需求；场地设计要依据儿童生理和心理特点进行元素选取和色彩搭配；注重儿童场地的互动体验设计。
- 适老空间设计要点：老年人活动场地要充分考虑老年人的心理特点、行为特点；场地设计注重安全感的赋予，路面平坦、防滑，服务设施以座椅、凉亭等休息设施为主；注重营造适合老年人交往的空间。
- 开放型公共空间设计要点：公共景观空间注意突出小区文化和地域特色；活动空间注意可达性、文化性和娱乐性，同时兼顾时尚、美观；休闲广场内应设置方便居民活动交往的景观小品和服务设施，以及满足不同时段活动内容的场地空间，场地空间需要考虑夜晚的适度照明。

③ 居住区建筑小品设计。

居住区建筑小品是居住区外部空间设计的一部分，是体现居住区面貌和特点的重要因素。建筑小品的设置旨在为居民创造优美、舒适的居住环境，也是园林环境的组成要素。在设置建筑小品时，要根据居住建筑的形式、风格，居住环境的特色，居民的文化层次与爱好，空间的特性、色彩、尺度，以及当地的民俗习惯等，选用合适的材料。建筑小品的形式与内容要与环境和谐统一、相得益彰，共同构成一个有机的整体。

建筑小品设计的内容主要包括大门入口、围墙和栅栏、凉亭廊架、桥、台阶和坡道、挡土墙、铺装、雕塑以及一些便民服务设施等（见图3-198至图3-208）。

图3-198 自行车停靠设施

图3-199 道路景观路挡

图3-200 绿地内装饰小品

图3-201 小区入口的休息廊架

图3-202 小区休闲广场的张拉膜休息亭

图3-203 小区外围围墙

图3-204　造型典雅的装饰围墙

图3-205　水景边台阶和坡道

图3-206　纹样相呼应的铺装和景墙

图3-207　设计独特的休息设施

图3-208　造型别致的垃圾桶

- 雕塑的设计要点：雕塑的设计主题应与小区的整体景观文化主题相契合；雕塑的体量、尺度、材料、颜色和造型要充分考虑所在空间的特点，以展现整体美和协调美；雕塑的安放位置应充分考虑景点的需要及功能安排，可作为视线中心或终端，或作为空间的分隔或过渡等。
- 围墙和栅栏的设计要点：围墙和栅栏具有限入、防护、分界和屏障等多种功能，其立面形式可分为栅状、网状、透空或半透空、封闭等。围墙和栅栏的高低、色彩、材质、纹样造型等要与小区地形地貌、周边环境、建筑风格相协调，同时也要突出品质和特色。
- 台阶和坡道的设计要点：台阶和坡道在景观设计中起着不同高程之间的连接和引导作用，可在一定程度上丰富空间的层次。一般室外踏步高度为120～160mm，踏步宽度为300～350mm。高差低于100mm的不宜设置台阶，需考虑坡道并结合做无障碍设计。台阶和坡道可与其他景观元素配合，提升景观效果，为行人提供视觉引导并产生一定的视觉吸引力（见表3-10）。

表3-10 坡度的视觉感受与适用场所

坡度/%	视觉感受	适用场所	选择材料
1	平坡，行走方便，排水困难	渗水路面，局部活动场地	地砖，料石
2~3	微坡，较平坦，活动方便	室外场地，车道，草皮路，绿化种植区，园路	混凝土，沥青，水刷石
5~8.5	缓坡，方便推车活动	残疾人坡道，台阶	地砖，砌块（均应防滑）
4~10	缓坡，导向性强	草坪广场，自行车道	种植砖，砌块
10~25	陡坡，坡形明显	坡面草皮	种植砖，砌块

注：本表参考居住区环境景观设计导则（2006版）。

④ 居住区水景景观设计。

居住区景观中水景类型丰富多样，包括自然水景、泳池水景、庭院水景、装饰水景和景观用水等（见表3-11）。水景设计要尽量带给人协调、舒适的感觉，好的水景设计能够提升居住景观的品质，加强人与自然的沟通。居住区水景应当结合场地特征（包括气候、地形及水源条件等因素）来进行相应的设计。我国地域辽阔，区域差异大，因此水景设计应注重因地制宜。此外，好的水景设计应增强空间的趣味性和连贯性，利用水体的倒影和光影变换活跃居住空间气氛。同时，水景还可以起到调节小气候、净化空气、灌溉、养鱼、消防等作用，从而提升居住环境的舒适度和品质（见图3-209和图3-210）。

表3-11 常见水景构成元素及其包含的内容

景观元素	内容
水体	水体流向，水体色彩，水体倒影，溪流，水源
沿水驳岸	沿水道路，沿岸建筑（码头、古建筑等），沙滩，雕石
水上跨越结构	桥梁，栈桥，索道
水边山体	山岳，丘陵，峭壁，林木
水生动植物	水面浮生植物，水下植物，鱼鸟类
水面天光映衬	光线折射漫射，水雾，云彩

注：本表参考居住区环境景观设计导则（2006版）。

图3-209 小区内装饰水池

图3-210 喷泉和水池结合的优雅水景

⑤ 居住区照明景观设计。

居住区的灯光照明包括场地照明、安全照明、特写照明和装饰照明等。照明的主要目的是增强人们对物体的辨识能力，提高夜间出行的安全性，确保居民晚间活动的正常进行。利用街道、绿化、雕塑、水景等元素的装饰照明可以构造舒适的室外光环境，因此在设计时应注意不同环境的照明特点和灯具选择，以营造温馨宜人的照明氛围（见图3-211和图3-212）。

图3-211 温馨舒适的居住区夜晚照明

图3-212 简洁、不过度照明的宜人夜景

3.5.3 项目实施：居住区环境景观设计

本小节将深入探讨如何将理念转化为现实，通过合理的规划、多样的植被选择、巧妙的装饰元素，营造宜人的生活空间。接下来聚焦于空间布局、植物配置、景观元素融合等多个方面，为居民打造一个与自然融合、充满活力的居住区。

1. 场地分析和案例分析

（1）结合设计项目进行场地现状分析

① 掌握相关前期资料：居住区前期规划要求、开发意向，市域图或区域位置图，现状图纸（地形图，建筑物、植被和道路现状，工程设施管网图等）。

② 了解基地所在城市的总体规划；分析基地的建设规模和小区级别；分析基地周围建筑及交通情况；分析基地的自然气候特征，确定可利用和需改造的景观要素；了解基地的人口组成情况；了解地域历史文化传统、民风民俗、城市格局、建筑特色、气候条件等，搜集相关信息资料，选取可利用和参考的价值因素（见图3-213至图3-215）。

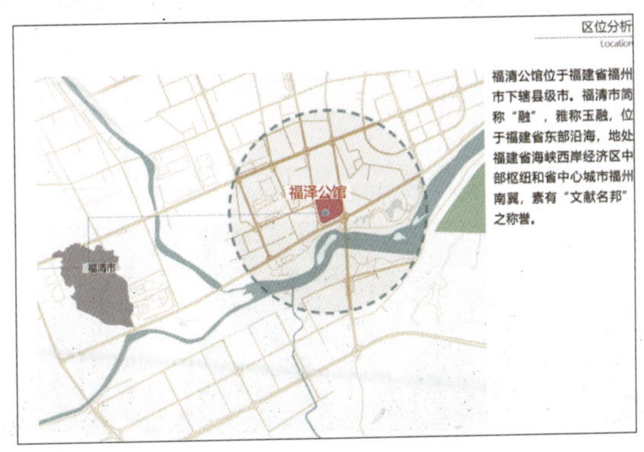

图3-213 小区区位分析

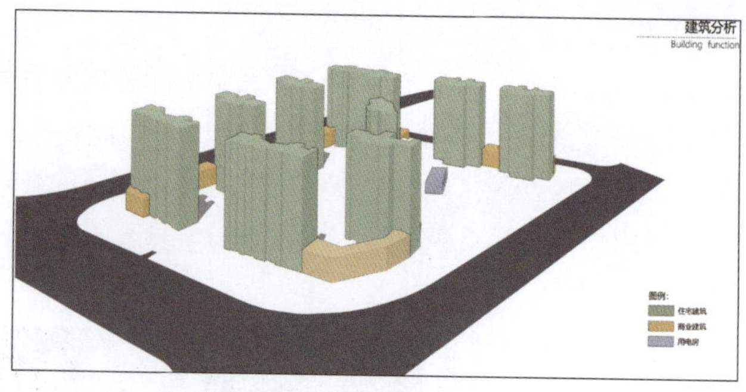

图3-214 小区建筑分析

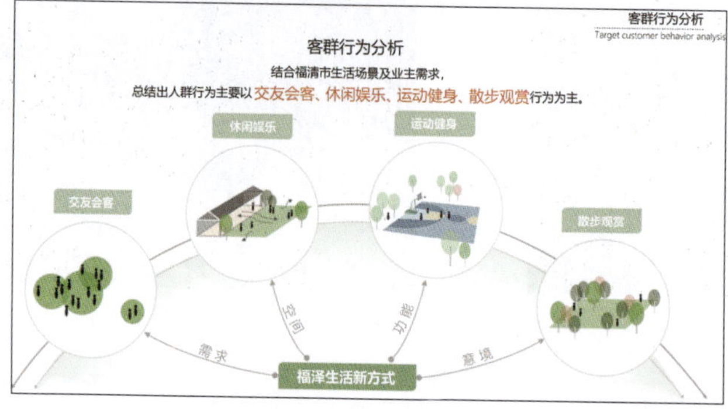

图3-215 小区人群行为分析

（2）案例分析

① 寻找相关设计案例进行设计图纸分析，分析居住区环境总体布局、交通安排及功能设施的设置等；关注设计的主题创意和各景观要素设计，按照居住区设计内容进行归纳整理。

② 选择实际的小区进行现场调研和测绘，了解居住区相关行业信息和知识，感受空间尺度（见图3-216和图3-217）。

图3-216 小区案例分析1

图3-217 小区案例分析2

2. 方案构思立意

（1）绘制分析图纸：功能区域分析图，根据小区规模及建筑布局合理设置公共绿地和公共设施；交通状况分析图，注意小区内道路的人车分流，提供良好的居民行动路线，注意在道路安排上因势而行，合理安排园路的走向、转折起伏等变化；搜集相关设计资料，通过草图及文字注解的方式捕捉设计元素，确定设计的风格倾向。

（2）构思立意：在分析过程中，完善初步设计想法，作为总体的设计立意；合理安排居住区环境总体布局结构；绘制平面设计草图（见图3-218至图3-221）。

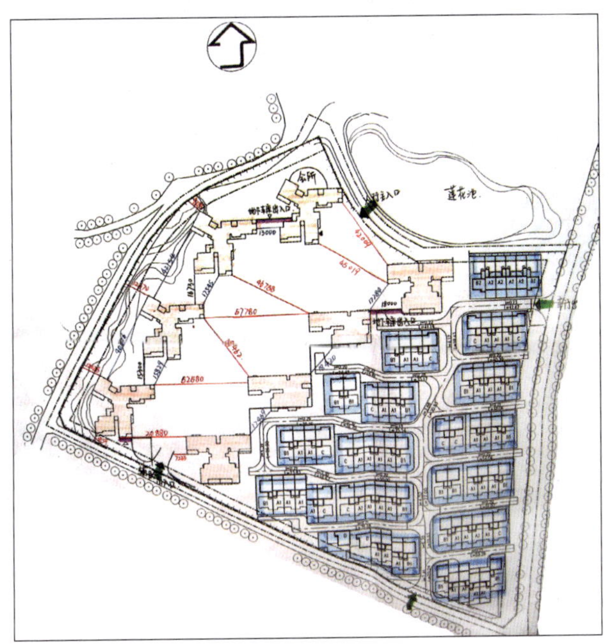

图3-218　小区景观设计分析草图1

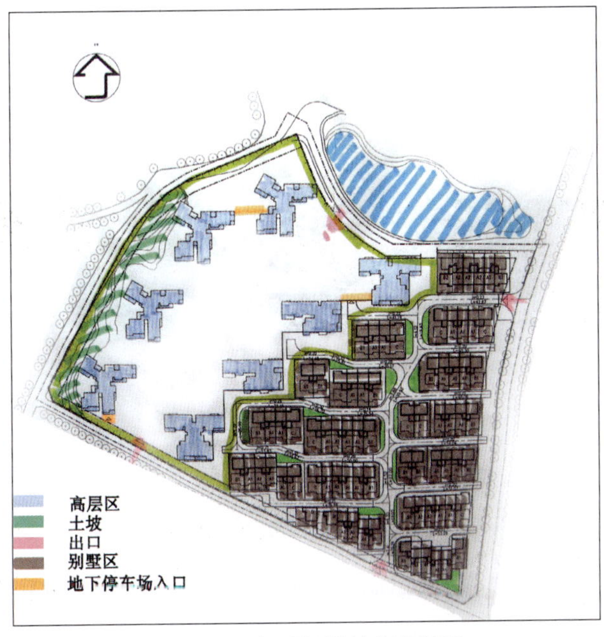

图3-219　小区景观设计分析草图2

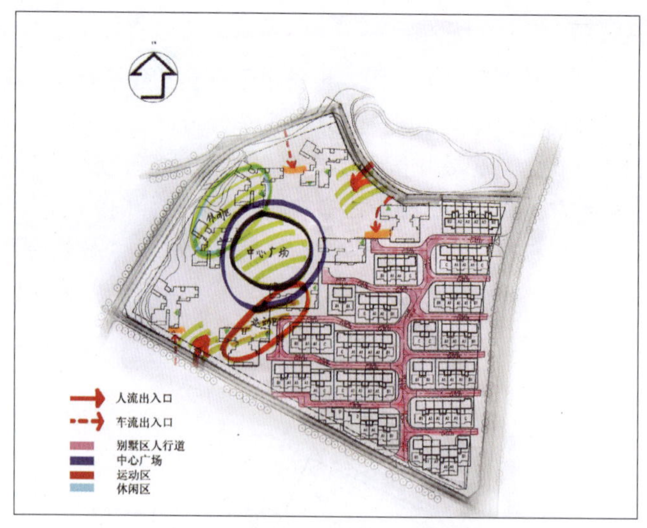

图3-220　小区景观设计分析草图3

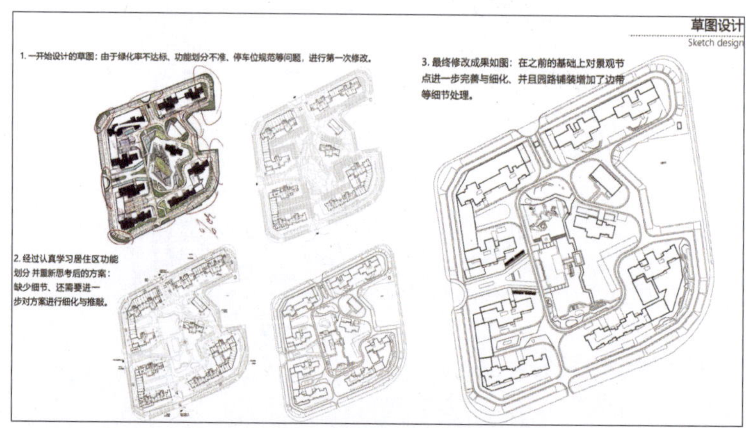

图3-221　小区景观方案设计草图

3. 方案深化

（1）空间分析：确定居住区环境的各空间形态、空间尺度比例、空间围合程度；制作实物模型或进行软件建模，进行场地空间推敲，修改和深化方案设计（见图3-222）。

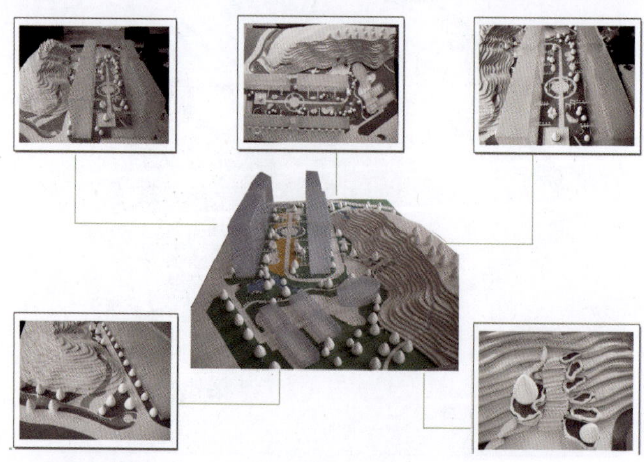

图3-222　小区方案模型制作（学生作业：郭晓宇、李琴）

（2）完善细节设计：展开环境建筑设施小品或水景的具体布置和设计，展开绿化方案的推敲和布局；道路铺装的设计在考虑形式美的同时，还应考虑铺装的引导性、指示性等；各环境建筑小品的设计注意风格的协调和与使用功能的完美结合；绿地植物配置注意具体植物种类的选择，注意常绿植物与落叶植物的搭配，注意不同色彩植物及不同花期植物的应用等（见图3-223至图3-226）。

图3-223　局部场地手绘草图（学生作业：蒋晶）

图3-224　局部建筑小品手绘草图（学生作业：蒋晶）

图3-225　小区局部场地手绘效果图（学生作业：蒋晶）

图3-226　小区水景手绘效果图（学生作业：蒋晶）

4．图纸绘制

- 技术图纸绘制：总平面图，主要景观节点剖面图、立面图，绿化配置图。
- 分析图纸绘制：小区交通系统分析图、功能布局分析图、景观节点分析图、竖向分析图、视线分析图等。
- 效果图纸：总体鸟瞰图、局部景点效果图。
- 排版及后期文本：制作设计版面（A0图纸两张），汇报文本一册（A3图纸）。

各图纸示例如图3-227至图3-234所示。

图3-227　小区总平面图

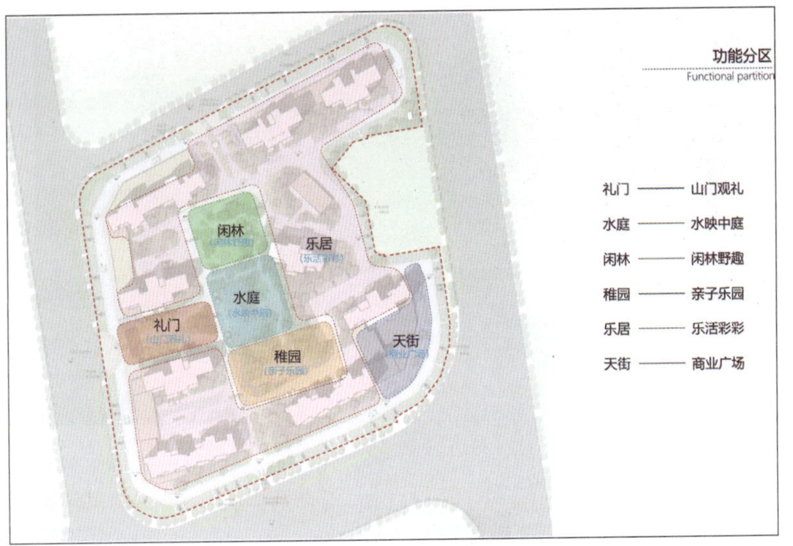

图3-228 小区功能布局分析图

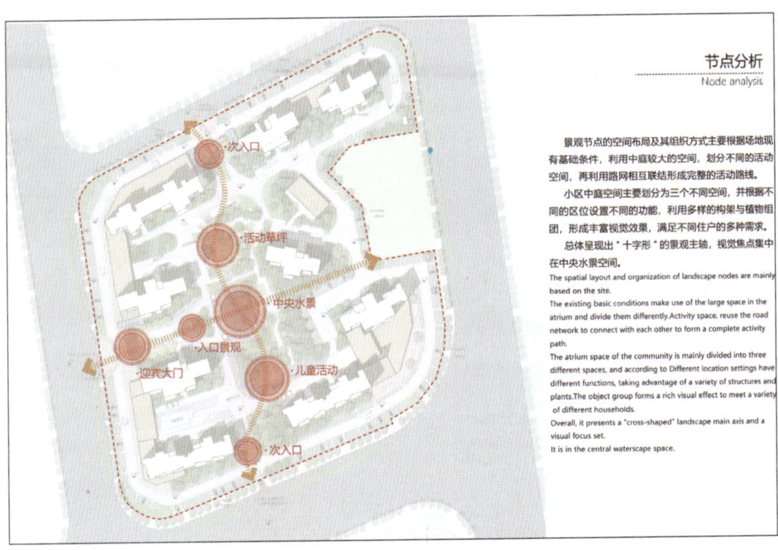

图3-229 小区景观节点分析图

图3-230 小区局部景点效果图1

图3-231　小区局部景点效果图2

图3-232　小区设计版面1

图3-233　小区设计版面2

图3-234　小区设计版面3

3.5.4 知识拓展

扫描右侧二维码，观看微课视频，学习景观设计相关知识。

3.6 商业街区景观设计

商业街区是指城市的商业集中区，它集中了一定数量的商店、餐馆、服务店，是城市的形象代表和名片。我国在20世纪80年代初开始建设步行商业街，自1999年至今，随着社会经济的发展及需求的变化，其逐步发展为商业街区，成为多功能、多业种、多业态的商业有机组合体，以满足人们购物、餐饮、休闲、娱乐、健身等多种需求。

商业街区景观是街道路面、街道设施和周围环境的组合体，也就是人们在商业街区里看到的一切东西，包括铺地、标志性景观（如雕塑、喷泉）、建筑立面、橱窗、广告店招、休闲游乐设施（空间足够时设置）、街道小品、街道照明、植物配置和特殊的街头艺术表演等景观要素。商业街区景观设计是一种将所有的景观要素巧妙、和谐地组织起来的艺术。

3.6.1 商业街区景观设计任务书

通过学习本小节内容，学生能够掌握商业街区景观设计的基本知识，了解相关设计规范和标准，掌握商业街区景观设计的内容和方法，通过分析环境与空间、功能与动线的关系等，在城市更新过程中塑造街区特色，并培养综合分析和创意设计的能力（见图3-235至图3-240）。

图3-235 北京大栅栏1

图3-236 北京大栅栏2

图3-237　北京大栅栏3

图3-238　南京老门东1

图3-239　南京老门东2

图3-240　南京老门东3

1. 项目描述

根据给出的图纸（基地现状详见图纸）进行老城区商业街区景观改造设计。通过该设计过程学习并掌握商业街区景观设计的相关知识，了解城市更新过程中旧街区的活力提升途径。

2. 设计要求

贯彻整体性及美学原则；重点提升老城区商业街区环境，注重特色氛围的塑造，增加商业活力，并解决人、车矛盾及停车问题；发挥设计创意，挖掘地域文化，突出地域特色。

3. 作业图纸内容及要求

（1）图纸内容

- 场地分析。根据规划地段位置及现状图纸（图纸比例1：1000～1：200），分析场地所处的位置以及与周边地区的关系。
- 设计灵感及来源分析。构思设计并进行创意表达，在此基础上阐述设计的灵感及来源。
- 商业街区景观设计总平面图及各类型分析图（交通分析图、视线及景观节点图、立面分析图等）。图纸比例1：1000～1：200，标明规划建筑、绿地、道路、铺装、水体、停车场、重要景观小品、环境设施等的位置、尺寸。
- 植物配置图。图纸比例1：500～1：200，标明植物种类、种植位置、数量及规格。
- 街区主要立面图或剖面图。
- 效果图。包括总体鸟瞰图、重要景点效果图、重要建筑物和构筑物效果图。

（2）图纸要求

- 版面不少于2张，标准A1尺寸（594mm×841mm）。
- 文本一套，数量根据图纸内容确定，标准A3尺寸（420mm×297mm）。

4. 作业进度安排

- 1～12学时：学习理论知识，明确设计任务，进行实地考察及案例分析。
- 13～20学时：设计构思，绘制现状分析图；设计一草方案，并讲评。
- 21～44学时：设计二草方案，讲评，制作方案模型，深化完善总体方案。
- 45～64学时：绘制正式成果图纸。

5. 参考资料

- 《商业街区规划及设计》，佳图文化编，由华南理工大学出版社出版。
- 《外部空间设计》，[日]芦原义信著，尹培桐译，由中国建筑工业出版社出版。
- 《景观设计师培训考试教材》，中国建筑装饰协会编，由中国建筑工业出版社出版。

3.6.2 知识准备：了解商业街区景观设计

商业街区景观设计需要融合商业需求与美学考量，深入研究街区的空间布局、人流引导、装饰元素等方面。商业街区景观设计远非店铺的陈设，它更是一种城市体验的呈现。本小节将通过理论探讨和实例解析，为商业街区景观设计提供灵感与指导，助力创造繁荣且令人难忘的城市商业空间。

1. 商业街区类型分析

不同类型的商业街区（如历史风情街、现代购物中心、步行街等）承载着独特的空间特质与功能需求。深入分析商业街区的类型，有助于精准把握设计要点，打造既具个性和魅力，又具商业吸引力的街区空间。商业街区类型有多种划分方法，具体如下。

（1）根据商业街发展状况分类

- 特色商业街区。特色商业街区是在街道分割、商品结构、经营方式、管理模式等方面具有一定特色的商业街，如上海新天地、南京老门东、苏州平江路等（见图3-241和图3-242）。

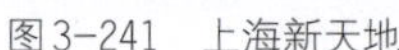
图3-241　上海新天地

图3-242　苏州平江路

- 商业CBD。CBD是大都市发展到一定阶段的产物，西方国家较早地采用了这一概念，如美国的曼哈顿、日本的银座等。随着我国城镇化进程的不断加快，涌现了许多极具特色的CBD，如北京中关村、望京核心区等。
- 社区商业街区。社区商业街区是指分布在各个居民住宅区，主干线公路边，医院、娱乐场所、机关、团体、企事业所在地的繁华街道。

（2）根据商业街的动线设计分类

- 带状型商业街区。带状型商业街区指沿街线性展开布置的商业街，是商业街区最常见的基本空间布局形态之一。带状型商业街区又可以分为单一线型商业街和复合型商业街。单一线型商业街是沿一条城市道路展开的布局形式。复合型商业街具有比单一线型商业街复杂的体型，是公共设施沿多条道路的方向带状沿街延伸“复合”而成的商业中心，构成“T”形、“井”形、“十”形等布局形式。
- 块状型商业街区。块状型商业街区具体可以分为4种类型：街坊式商业街区、广场式商业街区、立体式商业街区（在三维空间上立体化地组织交通和商业设施）、混合式商业街区。

2. 商业街区景观设计内容

商业街区景观设计旨在打造集购物、休闲、娱乐于一体的多功能公共空间，其核心在于创造独特而吸引人的环境，以促进商业活动并激发街区活力。设计上注重整体性与多样性的统一，既保持街区整体风格的一致性，又通过多样化的景观设计元素（如绿化植被、艺术装置、特色照明等）带给人丰富多变的视觉体验。

（1）整体设计

① 空间。

在遵循“以人为本、立足环境、注重街区历史、突出特色”的原则上，依据不同街区的不同功能需求，通过街区空间的有序组织，使街区的整体商业氛围和人文活动有机融合，同时实现商业、休闲、娱乐、观赏、交流等方面的功能。

② 交通。

根据功能需求有效组织街区交通，进行人车分流，限时、限段或者完全禁止车行，以保证步行空间的舒适及安全。

（2）分项设计

① 沿街立面设计。

商业街区是城市形象的代表，其建筑风格代表了城市的建筑特色。无论是老街区还是新的商业街区，其沿街立面风格的统一协调有利于街区特色的塑造（见图3-243）。

图3-243　成都锦里

② 沿街店面设计。

商业街区沿街店面是步行人群的视觉焦点所在，设计内容包括门头、橱窗、店招等（见图3-244至图3-246），设计时既要考虑街区整体的协调统一，又要考虑商家自身的营业特色。

图3-244　成都宽窄巷子统一中富于变化的门1

图3-245　成都宽窄巷子统一中富于变化的门2

图3-246　成都宽窄巷子统一中富于变化的门3

③ 灯饰设计。

步行空间的照明有建筑室外照明、商业照明、路灯照明3个层次，设计灯饰时要考虑灯光的色调、位置和商业氛围的营造。

④ 环境设施及景观小品设计。

标志性景观（如雕塑、喷泉）、休闲游乐设施、街道小品、植物配置和特殊的街头艺术表演等景观要素是街区环境的重要组成部分，对街区环境氛围的强化作用不容小觑（见图3-247和图3-248）。

图3-247 成都宽窄巷子的墙面造景

图3-248 成都宽窄巷子的花境

3. 商业街区景观设计的重点

商业街区景观设计的核心在于深入考虑使用者的步行心理，创造舒适愉悦的步行体验，同时注重特色商业氛围的营造，展现街区个性与魅力。在此过程中，强化景观的视觉连续性，确保街区整体风貌的和谐统一，也是不可忽视的设计重点。而照明的整体性与系统性，更是提升街区夜间形象，营造安全、温馨购物环境的关键因素。接下来从这4个方面详细阐述商业街区的景观设计重点。

（1）从使用者的步行心理出发

商业街区具有积极的空间性质，其服务对象终究是人，并且人的行为以步行为主。不同使用需求的步行者，甚至同一个人在不同的年龄和时刻，对景观的评价是不同的。不同的使用者由于使用目的不同，对景观有着不同的要求。购物者可能会非常关注沿街立面、沿街店面橱窗、广告店招等，休闲娱乐者主要关注游乐设施、休闲场所等，旅游者可能更关注标志性景观、街道小品及特殊的街头艺术表演等。因此，进行景观设计时应考虑适应性、多样性及复杂性（见图3-249至图3-251）。

图3-249　西班牙巴塞罗那街头充满艺术感的路灯

图3-250　英国曼彻斯特某步行街的地面景观

图3-251　英国埃克塞特市中心商业街充满艺术性的建筑立面

（2）特色商业氛围营造

识别环境是人和动物的本能，有特色的商业氛围可给使用者带来良好的购物环境体验，从而让使用者在心理上产生愉悦感，进而产生消费欲望。通过对商业街区空间、景观小品、环境设施、植物、灯光等景观要素进行设计，不仅可以塑造商业街区景观的特色，还可以营造良好的商业氛围（见图3-252至图3-256）。

图 3-252 西班牙塞维利亚街道上空的遮阳顶棚

图 3-253 西班牙龙达街道上空的遮阳顶棚

图 3-254 西班牙龙达街道上空的装饰彩球

图 3-255 成都宽窄巷子的墙面造景展示了拴马石的使用方法

图 3-256 成都宽窄巷子的墙面造景展示了街道的历史

（3）强化景观的视觉连续性

步行时，视觉环境和步行感受无变化会使人感到厌倦，而缺乏连续性的景观变化又会使人感到不安。在进行步行商业街设计时，首先要避免使用过长直线，以防步行者产生单调感，从而感到疲乏；其次要保证视线变化时景观效果的连续性，以使主体格调一致，形成环境氛围变化中的和谐。例如，英国利兹市中心商业步行街的改造项目中，建筑外墙的维护设施上印有原建筑立面的图像，在保证安全的同时确保了修复过程中建筑沿街立面的统一（见图3-257）；而对于周边新造的建筑，其沿街立面则利用当地原有材料结合新的制作及装配技术，在保证建筑立面的颜色及质感与原有立面一致的同时，赋予其新的变化（见图3-258和图3-259）。

图3-257　改造中的英国利兹市中心商业步行街（右侧是印有原建筑立面图像的维护设施）

图3-258　还未建造完成的新建筑立面与旧建筑立面的协调统一1

图3-259　还未建造完成的新建筑立面与旧建筑立面的协调统一2

（4）照明的整体性与系统性

- 商业街区夜景照明要满足的基本要求：明亮（要求其照度水平高）；灵活（要求其照明的方法和形式多样）；色彩丰富鲜艳；照明设施（除路灯外）高低错落、动静结合；在满足功能的前提下，照明设施有很强的装饰性。
- 以街道的灯饰为重点，特别是店头照明、商店建筑立面照明和店名广告照明。按照三层布光的方法，上层布置大型灯饰广告，中层用各具特色的标牌灯光，底层用明亮的小型灯饰及橱窗照明形成光的“基座”，结合地面、环境设施、景观小品等的照明，创造有机的整体照明系统。

- 对商业街区入口的构筑物（如牌坊、街名标志及装饰性路灯等）进行精心设计，加强视觉吸引力，以刺激和吸引步行者进行购物或休息游览（见图3-260至图3-262）。

图3-260　意大利锡耶那歌剧院博物馆残存的建筑外墙的夜间特殊照明

图3-261　意大利锡耶那老城区标志性的街灯

图3-262　意大利威尼斯的特色街灯

3.6.3　项目实施：商业街区景观设计

1. 场地调查和分析

对场地及其周边环境进行实地调查，对场地进行测绘，并绘制现状图纸；分析功能需求、场地周边环境、建筑及交通情况；分析基地的自然特征，确定可利用和需改造的要素（见图3-263至图3-265）。

图3-263　现状优势分析

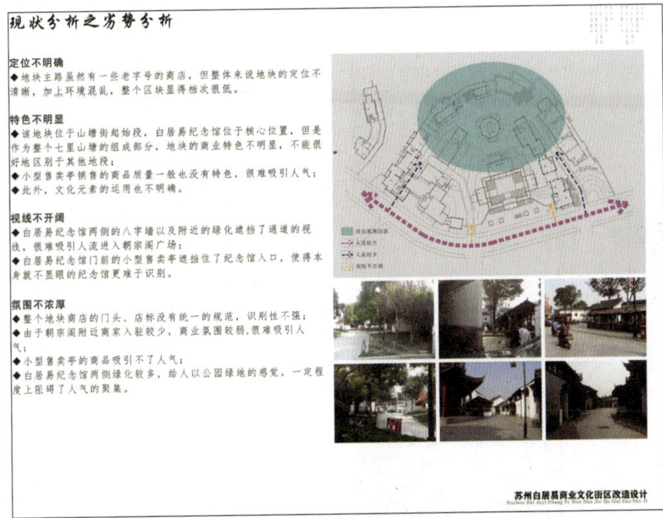

图3-264　现状劣势分析1

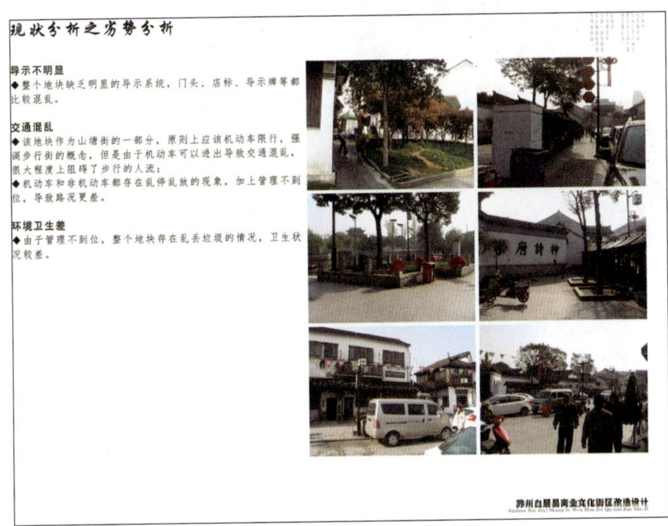

图3-265　现状劣势分析2

2. 案例分析及方案构思立意

（1）案例分析

进行优秀商业街区景观案例的实地考察（见图3-266至图3-268），分析其造景要素及造景手法，进行景观空间分析。

图3-266　泰国中环购物中心平面图

图3-267　泰国中环购物中心入口处的山地形状台阶

图3-268　苏州圆融星座商业街区的铺地

寻找典型商业街区设计案例进行分析，分析其空间构成、功能的设置、与建筑的关系等；关注设计的主题创意及特色的挖掘；进行景观设计元素分析。

（2）方案构思立意

商业街区作为商业建筑的外环境，其设计的好坏往往反映了商业空间使用者对景观的需求。在分析场地与商业建筑及周边环境关系的基础上，确定景观的功能和风格特点，设计方案力求满足使用者的需求并反映一定的文化底蕴，突出建筑与环境的内涵与关系；绘制构思草图，包括平面草图等（见图3-269至图3-272）。

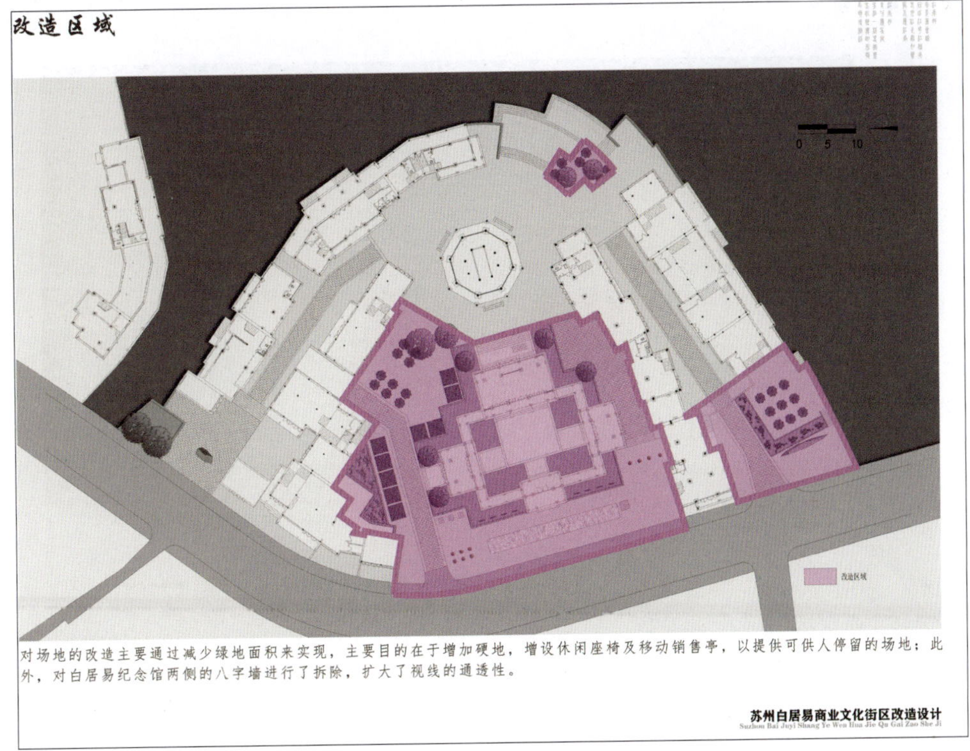

图3-269 区位分析图

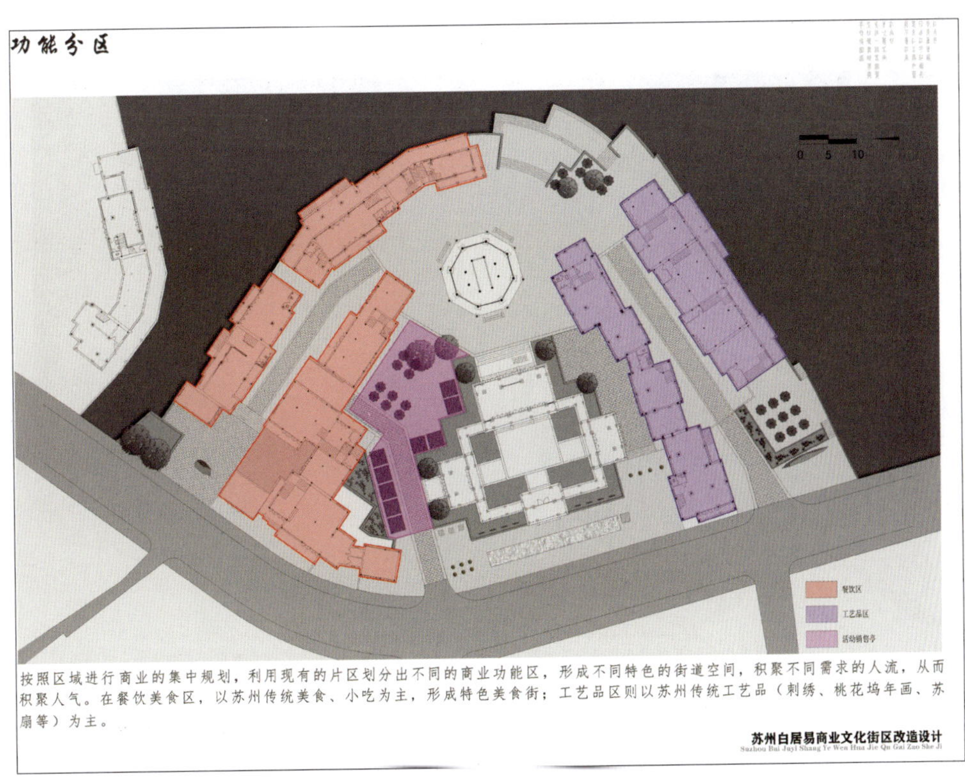

图3-270 功能分区图

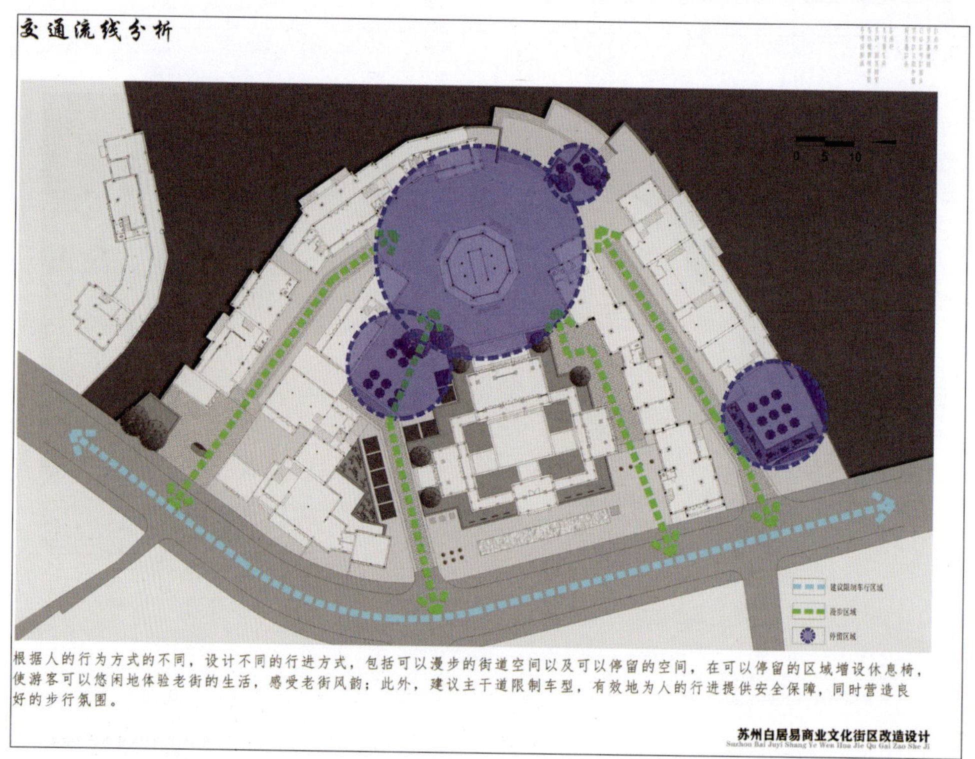

图3-271　交通流线分析图

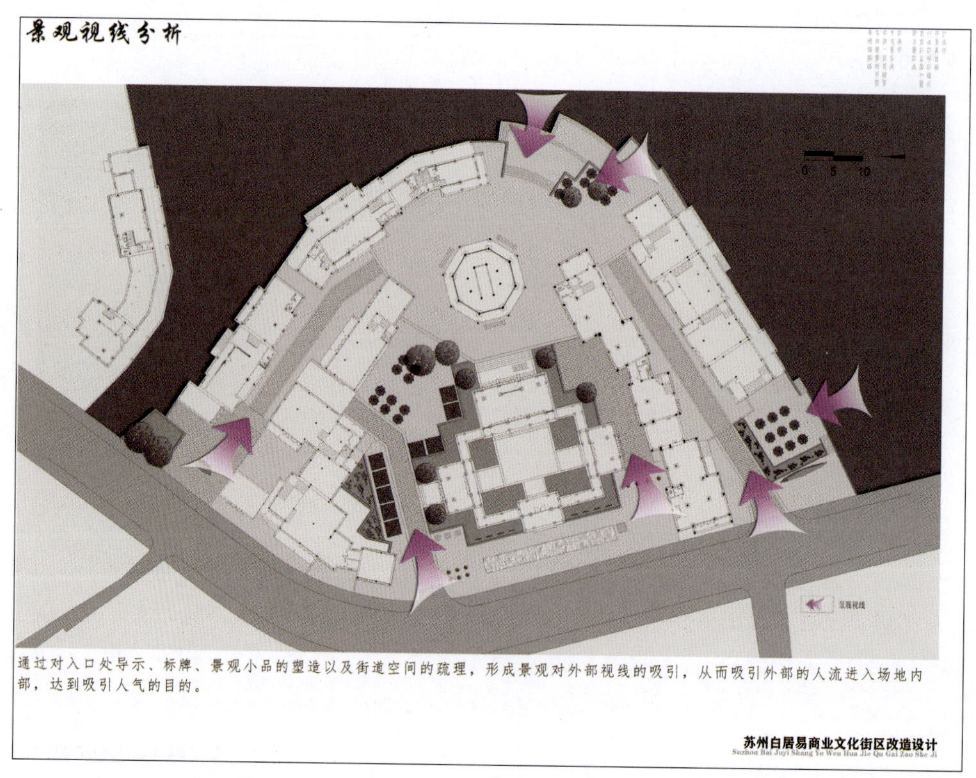

图3-272　景观视线分析图

3. 方案深化

（1）强化空间塑造

造景时，灵活运用景观塑造的手法，注意景观环境和建筑之间的协调性。根据不同的功能进行环境的塑造，如各个出入口、重要的节点空间等。

（2）强化细节设计

在进行商业街区的植物配置时注意种植形式与商业街区风格的协调统一；地面铺装的设计在考虑形式美的同时，还应考虑铺装的引导性、指示性等；各环境设施及景观小品的设计注意风格的协调和与使用功能的完美结合。

4. 图纸绘制

- 技术图纸绘制：总平面图、主要景点剖面图、立面图（见图3-273和图3-274）。
- 效果图纸：总体鸟瞰图、局部景点效果图（见图3-275和图3-276）。
- 排版及后期文本：制作设计版面（900mm×1200mm）（见图3-277），汇报文本一册（A3图纸）。

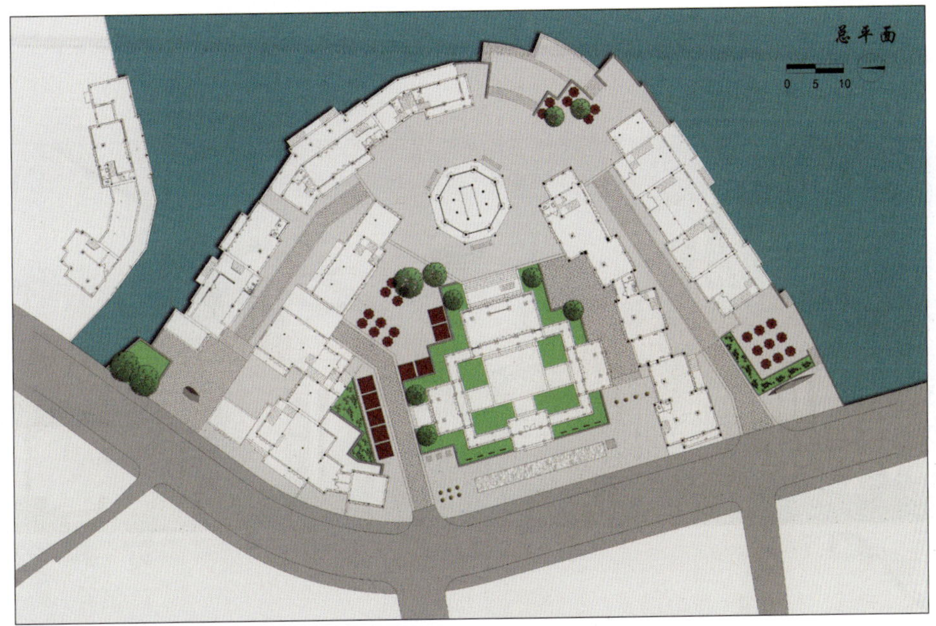

图3-273 总平面图

图3-274 主要景点剖面图、立面图

图3-275　总体鸟瞰图

图3-276　局部景点效果图

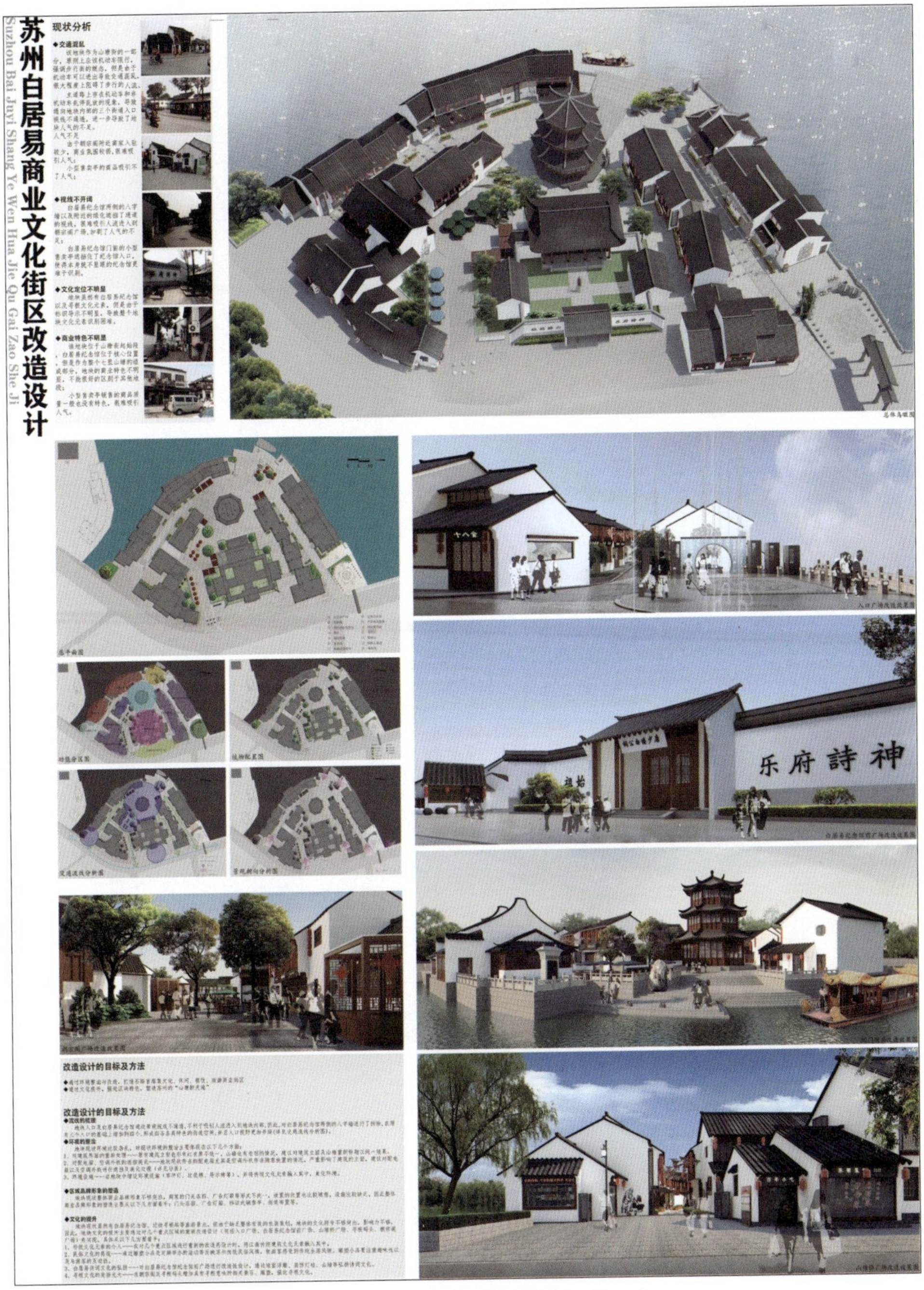

苏州白居易商业文化街区改造设计

Suzhou Bai Juyi Shang Ye Wen Hua Jie Qu Gai Zao She Ji

现状分析

乐府詩神

改造设计的目标及方法

图3-277 商业街区景观设计版面

3.6.4 知识拓展

扫描右侧二维码，查看文件，学习景观设计相关知识。